# 认知无线电系统功率控制研究

陈玲玲　著

科学出版社

北　京

# 内 容 简 介

本书系统地诠释认知无线电系统功率控制技术的研究。全书共分 7 章，内容包括：认知无线电系统的基本概念、认知无线电功率控制技术研究现状及存在的问题；基于混沌粒子群优化的功率控制算法；基于动态粒子群优化的功率控制算法；基于改进人工鱼群的功率控制算法；基于凸优化理论的分布式功率控制算法；基于几何规划的功率控制算法；基于概率鲁棒的功率控制算法。

本书可供从事认知无线电、资源分配研究和开发的科研人员参考，也可供高等院校通信、信息工程及相关专业的教师、研究生和高年级本科生使用。

**图书在版编目（CIP）数据**

认知无线电系统功率控制研究/陈玲玲著. —北京：科学出版社，2019.12

ISBN 978-7-03-061332-5

Ⅰ. ①认… Ⅱ. ①陈… Ⅲ. ①无线电技术－频谱－系统仿真 Ⅳ. ①TN014

中国版本图书馆 CIP 数据核字（2019）第 107562 号

责任编辑：狄源硕　董素芹 / 责任校对：彭珍珍

责任印制：吴兆东 / 封面设计：无极书装

科学出版社 出版

北京东黄城根北街 16 号

邮政编码：100717

http://www.sciencep.com

北京中石油彩色印刷有限责任公司印刷

科学出版社发行　各地新华书店经销

*

2019 年 12 月第　一　版　开本：720 × 1000　1/16

2021 年 1 月第二次印刷　印张：9

字数：179 000

**定价：98.00 元**

（如有印装质量问题，我社负责调换）

# 前　言

近年来，随着无线通信技术的高速发展和无线通信业务的日益增多，有限的频谱资源已经无法满足人们对无线通信服务的爆炸式增长需求。因此，如何有效地提高频谱利用率已经成为目前无线通信领域亟待解决的重要课题。

针对频谱资源传统的固定分配方式和接入方式，认知无线电作为一种新兴的智能通信技术受到越来越多人的重视。它可以自适应调节系统参数（如发射功率、载波频率、调制方式），快速有效地填补频谱空洞或未使用的频谱，允许未授权用户（次用户或认知用户）机会式接入空闲的授权用户（主用户）频带或者共享授权用户的频带，解决了频谱利用率低的问题。因而认知无线电受到广泛关注，成为无线通信技术的研究热点。

在认知无线电系统中，实现频谱共享的两个关键技术：一是频谱感知，未授权用户利用认知设备对周围通信环境进行频谱分析，感知授权用户的占用频谱情况和频谱空洞，以期从授权频段中挖掘出尽可能多的可用频谱资源；二是资源分配（称为功率控制），即在频谱感知的基础上，未授权用户利用发射机或基站，确定频谱资源共享方式（包括交替式、下垫式、填充式及混合式），同时通过调节发射功率来满足自身的通信质量并保证不影响授权用户的正常通信，它也是未授权用户唯一的操纵变量和给其他用户带来干扰的主要原因，所以功率控制问题自然受到科研工作者的广泛关注。

目前国内外科研工作者结合博弈论、协作分配方式、群智能优化及鲁棒优化等不同的数学优化算法，解决了单一目标或多目标某一时刻的功率控制问题，并取得了可喜的成果。但是，针对集中式网络成本高、动态通信环境适应力差和具有不确定性问题，上述这些成果实现有效的功率控制并非是最优结果。因此，针对上述问题，著者根据目前认知无线电功率控制技术发展以及近年来所取得的一些研究成果，撰写了这本专门介绍认知无线电系统功率控制技术的书籍。

本书研究内容得到国家自然科学基金项目“不确定参数下认知无线电鲁棒功率控制和时延补偿技术研究”（编号：61571209）和吉林省自然科学基金项目“时延和干扰不确定的下垫式认知网络动态功率控制研究”（编号：20180101336JC）及吉林省杰出青年基金项目“认知无线电系统多目标群智能优化资源分配问题的研究”（编号：20166019）的资助，在此表示特别感谢。在本书的撰写过程中，著者参阅了大量中英文参考文献，已在文献条目中逐一列出，在此对原作者表示感谢。

由于认知无线电系统功率控制技术正在不断快速发展，另外著者学识有限，书中不妥之处在所难免，敬请广大读者批评指正。

陈玲玲

2019 年 3 月

# 目　录

# 第1章 绪　论

## 1.1 概　述

近年来，随着无线通信技术的迅猛发展，越来越多的人期望随时随地都可以与他人交流通信，都可以以高效快速的方式获取语音、数据、图像等多媒体信息，人们对无线应用的需求呈现爆炸式增长，迫使高速移动接入业务、无线宽带通信业务等急剧增多，从而占用频谱数量及带宽也急剧增多。随着超大带宽、海量物联、超低时延的5G技术的商用，车联网、智能制造、智慧医疗、智慧教育、智慧城市的诞生，频谱资源短缺是我们必须面对的问题。

另外，目前的有限频谱资源采用静态的固定频谱分配方式，造成了频谱利用率不高和无线通信应用需求大的尖锐矛盾。美国联邦通信委员会（Federal Communications Commission，FCC）在2002年发布的频谱政策研究报告[1]中表明，固定分配授权频段的平均利用率低于15%。这个统计数据表明频谱资源中大部分授权频段在大部分时间没有被授权用户（主用户）使用，频谱资源的使用具有显著的不均衡性，固定分配的频谱政策导致频谱利用率低。

综上所述，为了满足人们日益增长的无线通信需求，提高频带利用率，如何有效、动态地共享接入无线频谱成为目前亟待解决的重要课题。

在现有固定频谱分配政策下，目前的频谱共享方式主要有两种：一是工业、科学、医学（industrial scientific medical，ISM）频段共享。此频段主要是开放给工业、科学、医学三个主要机构使用，无须授权许可，只需要遵守一定的发射功率（一般低于1W），并且不对其他频段造成干扰即可。无线局域网、蓝牙、ZigBee等无线网络，均可工作在2.4GHz各国共同的ISM频段。但是由于被不同类型的无线网络使用，ISM频段已经趋于饱和。二是超宽带（ultra wide band，UWB）技术与传统窄带网络共存技术。超宽带技术是一种新型的无线通信技术，通过对具有很陡上升和下降时间的冲击脉冲进行直接调制，使信号具有GHz量级的带宽，与现有无线网络共存且工作频率有部分重叠。因此多个网络势必会发生干扰，就需要更尖端的技术解决此问题。

在上述背景下，认知无线电技术[2-4]作为一种新兴的通信方式近年来得到人们越来越多的重视，它从根本上改变了频谱资源的固定分配方式和接入方式，有效地解决了频谱利用率低的问题。具体而言，认知无线电通过无线通信设备对频谱资源进行检测，发现可以被利用的频谱资源即“频谱空洞”，然后通过调节认知用户的发射机功率，使认知用户网络接入授权用户网络，实现频谱共享。认知无线电网络可以与现有通信网络兼容，降低了建设网络的成本。

根据对主用户的干扰方式，认知无线电技术实现的频谱共享方式主要有以下四种：交织式（interweave）、覆盖式[5]（overlay）、下垫式（underlay）、混合式[6]（hybrid）。

1）交织式

交织式频谱共享方式是指认知用户通过认知设备检测授权用户的频谱占用情况，当授权用户没有占用频带时，认知用户可以接入；当授权用户占用该频带时，认知用户立即退出。这种方式不会给授权用户带来干扰，但是授权用户和认知用户无法同时存在于网络中，且非常依赖认知用户频谱检测设备的精度。

2）覆盖式

覆盖式频谱共享方式是指在对授权用户通信不干涉的情况下，认知用户通过对授权用户信息进行解码同时获得授权用户网络信息，并利用部分能量帮助授权用户传输，提高其通信质量，且保证认知用户正常通信。这种方式允许授权用户和认知用户同时共享频谱，且对认知用户的发射功率没有具体的约束，但是上述两种方法都规定了认知用户传输的时间和地点。

3）下垫式

下垫式频谱共享方式是指在对授权用户通信干扰的情况下不能超过其允许干扰的最大值即干扰温度（干扰温度[1]由 FCC 提出，它表示授权用户最大能够容忍认知用户对它的干扰值。它能够提供接入频带所能承受射频干扰水平的准确测量信息，来限制非授权用户的射频能量）。认知用户和授权用户可以共同通信。这种方式允许授权用户和认知用户同时共享频谱，且认知用户可以随时接入授权用户网络，只要保证干扰温度的约束。

4）混合式

混合式频谱共享方式是指认知用户通过认知设备检测授权用户的频谱占用情况，当授权用户占用频带时，认知用户在不高于授权用户干扰阈值的情况下，控制其自身功率并采用下垫式频谱共享方式接入网络；当授权用户退出占用频带时，认知用户将采用交织式频谱共享方式，以提高频谱利用率。这种方式综合了交织式、下垫式两种方式，具有两种方式的优缺点。

从上述四种频谱共享方式可以看出，发射功率是认知用户唯一可以操纵的变量，同时也是给其他用户带来干扰的主要原因。所以，功率控制是认知无线电系统中实现频谱共享的核心技术之一，因此从不同视角深入探索和研究功率控制的各种方法值得关注。

## 1.2 认知无线电基本知识

### 1. 认知无线电定义

认知无线电（cognitive radio，CR）是一种新颖的无线电架构，不同的学者对认知无线电有不同的理解。

1999年，Mitola和Maguire首次提出并系统阐述了认知无线电的基本概念[2]。他们认为，在无线电资源和相关的计算机通信上，无线个人数字助手（wireless personal digital assistants，WPDA）和相关网络可以检测用户通信的需求，并且对这种需求提供最适合的无线电资源和无线服务。这种认知无线电通过无线电知识描述语言（radio knowledge representation language，RKRL）提高个人通信服务的灵活性。2000年，Mitola在其博士论文中进一步阐述了利用认知无线电平台可以实现模拟数字硬件的软件化，通过分析、学习推理的方式与网络进行交流，提高无线通信技术的智能性和灵活性[7]。

FCC 于 2003 年从频谱利用率方面对认知无线电技术提出了新的定义[3]：认知无线电是一种与环境交互并为了适应环境改变发射功率的无线电。这种交互可能包括与其他的频谱用户积极协商或通信或经无源感知并做出决定。目的是实现频谱的开放管理和频谱的二次开发以及重复利用。

2005 年，Haykin 从信号处理方面给出了认知无线电的定义[4]：认知无线电是建立在软件无线电基础上的一种智能化的无线通信技术，能够感知周围环境和采用理解构建（understanding-by-building）的方法来学习环境，接收统计变化的无线信号（如发射功率、载波频率和调制策略等），自适应地检测环境的改变，同时达到任何时间、任何地点的高度可靠通信和有效地利用无线电频谱的目的。

这三种观点的共同之处是感知环境并采用智能计算以满足用户的需求，从而提高无线电频谱资源的利用率。所以，我们可以看到认知无线电与外界交互信息的过程，即当外界对网络进行刺激时，网络随之而改变，认知无线电连续不断地观察环境，然后自适应学习、计划、制定并执行。总而言之，认知无线电的核心就是在无线电应用上智能地寻找最佳策略。

## 2. 认知无线电系统的任务

认知无线电系统的任务包括两个方面：一个是发射机的任务，它完成发射功率控制和动态频谱管理；另一个是接收机的任务，它完成无线环境的干扰温度估计和频谱空洞（频谱空洞[8]是指大部分时间或具体地理位置在一定的频段范围上未被授权用户使用或未充分使用）检测，并估计信道状态，预计发射机的信道容量。接收机通过反馈信道将收到的信息发送给发射机，发射机根据这些信息自动调节发射功率，以适应环境的变化。具体过程如下。

（1）次用户接收机感知场景、分析并进行信道辨识。认知无线电系统首先需要对无线电场景捕捉并进行分析，通过目前数据库存储的资料、定位技术或使用信号灯方法对频谱空洞进行检测，发现空闲频谱。通过信号分析的算法可以确定授权用户占用频谱资源的信号类型，如调制方式、波形、带宽、载波频谱等信息。进一步，估计无线电场景的干扰温度，然后进行信道状态信息（channel state information，CSI）辨识。认知用户接收机利用一些信道估计方法（如信道跟踪[9]、速率反馈[10]、信道训练[11]等）预测能使用的信道容量，估计用户数量以及不同类型用户之间和同一类型用户之间的信道增益。经过上述认知用户接收机准备工作，认知用户发射机功率控制和频谱管理成为可能。

（2）认知用户的发射机进行功率控制并动态分配频谱。认知用户根据上述信道的状况，选择传输频带，调节自身功率，尽量降低对授权用户的干扰并保证自己的通信质量，完成数据的传输。

### 3. 认知无线电网络的结构

根据网络结构的不同，认知无线电网络可以分为集中式认知无线电网络、分布式认知无线电网络和混合式认知无线电网络。

#### 1）集中式认知无线电网络

集中式认知无线电网络以现有的通信基站为网络中央处理器，通过协作方式收集全网信息，经综合整理后进行信道分配再调整功率参数来满足各个用户的需求。

#### 2）分布式认知无线电网络

分布式认知无线电网络没有基站，只是通过附近的用户进行信息交换，同时进行信道分配和功率局部更新。这种方式具有组网容易、易于拓展、可靠性高、成本低的优点。

#### 3）混合式认知无线电网络

混合式认知无线电网络结构是在集中式和分布式两种网络结构的基础上衍生出来的，该网络由多个基站组成，所以信息是集中式管理的，每个基站之间的信息传输则采用分布式传输结构，而网络中的用户节点仍然采用集中式控制。

## 1.3　认知无线电功率控制技术的研究现状

发射功率控制[12]是指设备在传输数据的过程中能够在不同的功率水平之间

切换，即根据具体条件调整输出功率，并保证信号的发射功率限定在允许的范围之内。这些条件包括：与其他设备的距离、在某一空间内最大的允许功率、建立可靠通信链路的最低功率要求等。根据所依托的不同数学理论和约束条件，认知系统的功率控制算法大致可分为以下几类。

1. 基于博弈论的算法

博弈论[13]是在分析的框架下，采用一系列数学工具研究相互独立的理性参与者的复杂相互作用时的决策以及这种决策的均衡问题的理论。博弈论主要分为两大类：一类是非合作博弈，另一类是合作博弈。非合作博弈主要是处理参与者的竞争行为，合作博弈主要致力于研究参与者的合作行为。合作博弈包括两个分支：协商博弈[14]和联盟博弈[15]。在博弈论数学模型中，博弈者在争取最大利润的同时总是想尽可能地减少自身的花费，博弈者的这两种行为可以分别采用效用函数（utility function）和代价函数（cost function）来描述，各博弈者为自己力争最大利益的行为等价为使效用函数最大化或者使代价函数最小化。

目前，博弈论已经广泛地应用到认知无线电功率控制的领域内。学者首先从非合作博弈理论入手，其中具有代表性的工作为 Goodman 和 Mandayam 提出的非合作功率控制模型[16]（non-cooperative power control game，NPG）和 Saraydar 等提出的基于代价函数的功率控制模型[17]（non-cooperative power control game via pricing，NPGP），这些模型经过优化后，每个用户都只注重自身的利益最大化，最优策略选择都是用户间相互博弈后的结果。正如 Edwin 所说："真正的自我为中心的行为准则就是合作。"由于自身利益的需求，无线用户之间合作的行为提高了全网的性能，进一步，设备之间的合作可以与现有的集中式网络共存。合作博弈开始被应用到认知无线电功率控制上。然而，由于无线网络周围环境的不断变化和用户的移动性，合作只能是短暂的，甚至是不现实的。所以有学者提出了随机博弈[18-20]，其理论更加符合实际通信的环境，可以动态访问频谱获得最优功率控制方案。随着博弈理论的进一步发展，还有一些其他博弈理论[21-24]也应用到认知无线电功率控制问题上，并取得了一些成果。

## 2. 基于协作分配技术的算法

协作分配技术是指多个单一网络或单一技术通过协作产生的功能远大于各个单个组成部分的功能之和。目前，协作分配技术已经应用到认知无线电功率控制的领域内[25-31]。在下垫式[32]认知无线电网络中，次用户与主用户可以同时共享频谱，但必须满足次用户对主用户的干扰小于某一阈值的约束，且要求次用户发射功率很低。这样的模型可以延长次用户的使用时间，减少对其他用户的干扰，但限制了该次用户服务的范围。所以，引入协作分配技术来扩大信号服务范围，且不增加次用户的发射功率，同时提高了认知无线电系统的全网性能。

## 3. 基于群智能优化的算法

群智能优化算法是一种搜索启发式优化算法，它基于自然界的一些规则，利用概率转移的原则，同时对空间进行并行搜索，获得优化问题的全局最优解。常见的群智能优化算法有遗传算法、粒子群优化算法、蚁群算法、人工鱼群算法等。这些智能优化算法都具有并行性、自适应性、随机性、鲁棒性等显著特点以及解决复杂优化问题时所表现出的优势，所以目前群智能优化算法的研究[33-37]受到广大科研工作者的极大关注。

目前，国内外有些学者已经将遗传算法、粒子群优化算法、粒子群优化和遗传算法混合以及蚁群算法等群智能优化算法应用到认知无线电系统中来解决功率控制问题[38-58]。另外，在国家层面上，我国也在大力支持认知无线电和群智能优化算法技术的发展。截至 2018 年，通过国家自然科学基金面上项目对群智能优化算法的研究资助了 143 项，对认知无线电研究方向资助了 154 项。无论从资金上还是从数量上，都体现了国家的重视和政策支持，这必将推动群智能优化算法在认知无线电功率控制方向的深远发展。

## 4. 基于鲁棒优化的算法

鲁棒优化算法[59-64]是一种建模技术，专门处理具有不确定性的系统。此系统的数据必须是一个有界集合而不可以随机分布，求得最优策略只要在集合内，即为符合条件。大部分传统的认知无线电功率控制算法中假设信道状态都是完美的，且一段时间都不会变化，而且系统参数也是精确的，没有估计误差[65-71]。但是，实际上，用户的移动性导致频谱状态发生变化，致使认知无线电工作在动态变化的环境中，而且通常会受到信道估计误差等的影响。此时，鲁棒优化算法针对这些不确定性的处理就具有先天的优势。著名学者 Setoodeh 和 Haykin 提出在高度动态的环境中，考虑到用户移动性和频谱空洞的变化以及信道存在扰动的情况，通过在非合作框架下进行鲁棒功率控制，达到最优地利用有限的频谱资源，并实现系统的稳定性[12]。其他学者在认知无线电系统中，针对信道和参数不确定性采用鲁棒优化算法也做了大量研究[72-81]，为认知无线电迈向实际应用提供了进一步的理论保障。

## 1.4　认知无线电系统功率控制算法存在的问题

目前国内外广大的科研工作者结合优化技术和数学理论解决了基于单目标或多目标某一时刻的认知无线电系统功率控制问题，并取得了可喜的成果，但这些成果针对某些问题并非是最优的策略，其中存在以下几个方面的问题。

1. 集中式认知无线电网络结构的控制算法成本高

集中式认知无线电网络结构以基站为中心，当网络中用户大规模增多的时候，为了满足用户的需求必须增加基站，这样就增加了网络的基础设施和运营的成本；同时，大量的数据通过基站与移动终端反复交换，增加了网络的负担，使功率控制复杂度增大，运算时间增加，从而带来了时延的问题。

分布式认知无线电网络结构是针对每个用户进行服务的，只根据局部信息来更新功率。它具有组网容易、易于拓展、可靠性高、成本低的特点。这些优点是集中式认知无线电网络结构所无法比拟的。因此本书选择在分布式认知无线电网络结构下研究它的功率控制问题。

### 2. 适应动态通信环境能力不强

目前认知无线电功率控制算法受到传统算法的影响，考虑的都是用户每个时刻的最优算法，而且传统网络用户数量和信道分配都趋于稳定，所以目前的功率控制算法可以处理。但是在认知无线电网络中，用户数量变化没有规律，环境变化剧烈，前面的算法显然不能适用。因此需要寻找一些新的适应动态环境的变化功率控制方法。

### 3. 考虑不确定性的控制算法较少

目前大多数算法主要针对主用户干扰、次用户之间信道增益以及次用户干扰增益、估计误差、量化干扰误差确定的情况下的问题，提出功率控制策略。由于认知无线电系统是一个根据环境不断变化来智能调节发射功率的系统，很多干扰增益和误差就不能只考虑确定性情况，应该以一个不确定性的模式出现，更符合通信的实际情况。因此，需要寻找一类考虑非确定性因素的认知无线电功率控制算法，且能把不确定性问题转化为确定性易解的问题。

针对上述问题，我们应该采用新理论和数学工具，研究新的认知无线电功率控制方法，为使其更符合实际的通信环境的需求而做出努力。

## 1.5　小　　结

本章简要介绍了认知无线电的定义、任务和结构以及关键技术之一的功率控制发展现状及存在的问题。为了解决这些问题，提高频谱利用效率，我们还要继续探索新理论和新方法。

### 参 考 文 献

[1] FCC. Spectrum Policy Task Force Report[R]. Washington D C，2002：2-155.

[2] Mitola J I，Maguire G Q. Cognitive radio：Making software radios more personal[J]. IEEE Personal Communications，1999，6（4）：13-18.

[3] FCC. Notice of Proposed Rule Making and Order[R]. Washington D C，2003：3-322.

[4] Haykin S. Cognitive radio：Brain-empowered wireless communications[J]. IEEE Journal on Selected Areas in Communications，2005，23（2）：201-220.

[5] Goldsmith A，Jafar S A，Maric I，et al. Breaking spectrum gridlock with cognitive radios：An information theoretic perspective[J]. Proceedings of the IEEE，2009，97（5）：894-914.

[6] Kang X，Liang Y C，Garg H K，et al. Sensing-based spectrum sharing in cognitive radio networks[J]. IEEE Transactions on Vehicular Technology，2009，58（8）：4649-4654.

[7] Mitola J I. Cognitive radio：An integrated agent architecture for software defined radion[D]. Stockholm：Royal Institute Technology（KTH），2000.

[8] Kolodzy P. Next generation communications：Kick off meeting[C]. Proceedings of the DARPA，Arlington，2001.

[9] Haykin S，Huber K，Chen Z. Bayesian sequential state estimation for MIMO wireless communications[J]. Proceedings of the IEEE，2004，92（3）：439-454.

[10] Hochwald B M，Marzetta T L，Tarokh V. Multiple-antenna channel hardening and its implications for rate feedback and scheduling[J]. IEEE Transactions on Information Theory，2004，50（9）：1893-1909.

[11] Haykin S，Moher M，Koilpillai D. Modern Wireless Communications[M]. Upper Sadclle River：Pearson Education India Press，2005.

[12] Setoodeh P，Haykin S. Robust transmit power control for cognitive radio[J]. Proceedings of the IEEE，2009，97（5）：915-939.

[13] Fudenberg D，Tirole J. Game Theory[M]. Cambridge：MIT Press，1991.

[14] Attar A，Nakhai M R，Aghvami A H. Cognitive radio game for secondary spectrum access problem[J]. IEEE Transactions on Wireless Communications，2009，8（4）：2121-2131.

[15] Saad W，Han Z，Debbah M，et al. Coalitional games for distributed collaborative spectrum sensing in cognitive radio networks[C]. 2009 Proceedings IEEE INFOCOM，Rio de Janeiro，2009：2114-2122.

[16] Goodman D，Mandayam N. Power control for wireless data[J]. IEEE Personal Communications，2000，7（2）：48-54.

[17] Saraydar C U，Mandayam N B，Goodman D J. Efficient power control via pricing in wireless data networks[J]. IEEE Transactions on Communications，2002，50（2）：291-303.

[18] Mertens J F，Neyman A. Stochastic games[J]. Proceedings of the National Academy of Sciences of the United States of America，1953，39（10）：1095.

[19] Huang J W，Krishnamurthy V. Transmission control in cognitive radio systems with latency constraints as a switching control dynamic game[C]. 47th IEEE Conference on Decision and Control，Cancun，2008：3823-3828.

[20] Fu F W，Van der Schaar M. Learning to compete for resources in wireless stochastic games[J].

IEEE Transactions on Vehicular Technology，2008，58（4）：1904-1919.
[21] Xie X Z，Yang H L，Vasilakos A V，et al. Fair power control using game theory with pricing scheme in cognitive radio networks[J]. Journal of Communications and Networks，2014，16（2）：183-192.
[22] Wang J，Scutari G，Palomar D P. Robust MIMO cognitive radio via game theory[J]. IEEE Transactions on Signal Processing，2011，59（3）：1183-1201.
[23] Ha V N，Le L B. Distributed base station association and power control for heterogeneous cellular networks[J]. IEEE Transactions on Vehicular Technology，2014，63（1）：282-296.
[24] Li D P，Xu Y Y，Wang X B，et al. Coalitional game theoretic approach for secondary spectrum access in cooperative cognitive radio networks[J]. IEEE Transactions on Wireless Communications，2011，10（3）：844-856.
[25] Minciardi R，Sacile R. Optimal control in a cooperative network of smart power grids[J]. IEEE Systems Journal，2012，6（1）：126-133.
[26] Tadrous J，Sultan A，Nafie M. Admission and power control for spectrum sharing cognitive radio networks[J]. IEEE Transactions on Wireless Communications，2011，10（6）：1945-1955.
[27] Shabdanov S，Mitran P，Rosenberg C. Achieving optimal throughput in cooperative wireless multihop networks with rate adaptation and continuous power control[J]. IEEE Transactions on Wireless Communications，2014，13（7）：3880-3981.
[28] Yang W，Ban D S，Liang W F，et al. A genetic algorithm for joint resource allocation in cooperative cognitive radio networks[C]. 7th International Wireless Communication and Mobile Computing Conference（IWCMC 2011），Istanbul，2011：167-172.
[29] Liang T，Smith D B. Energy-efficient，reliable wireless body area networks：Cooperative diversity switched combining with transmit power control[J]. Electronics Letters，2014，50（22）：1641-1643.
[30] Bidram A，Davoudi A，Lewis F L，et al. Distributed cooperative secondary control of microgrids using feedback linearization[J]. IEEE Transactions on Power Systems，2013，28（3）：3462-3470.
[31] Bao X，Martins P，Song T，et al. Capacity of hybrid cognitive network with outage constraints [J]. IET Communications，2011，5（18）：2712-2720.
[32] Le L，Hossain E. Resource allocation for spectrum underlay in cognitive radio networks[J]. IEEE Transactions on Wireless Communications，2008，7（12）：5306-5315.
[33] Engelbercht A P. 计算群体智能基础[M]. 谭营，译. 北京：清华大学出版社，2009.
[34] 高尚，杨静宇. 群智能算法及其应用[M]. 北京：中国水利水电出版社，2006.
[35] 王凌. 智能算法及其应用[M]. 北京：清华大学出版社，2001.

[36] 张军，詹志辉，陈霓，等. 计算智能[M]. 北京：清华大学出版社，2009.

[37] 黄友锐. 智能优化算法及其应用[M]. 北京：国防工业出版社，2008.

[38] Balieiro A M，Yoshioka P，Dias K，et al. Adaptive spectrum sensing for cognitive radio based on multi-objective genetic optimization[J]. Electronics Letters，2013，49（17）：1099-1101.

[39] Khalid L，Anpalagan A. Cooperative sensing with correlated local decisions in cognitive radio networks[J]. IEEE Transactions on Vehicular Technology，2012，61（2）：843-849.

[40] Canales M，Gallego J R. Potential game for joint channel and power allocation in cognitive radio networks[J]. Electronics Letters，2010，46（24）：1632-1634.

[41] Huynh C K，Lee W C. An interference avoidance method using two dimensional genetic algorithm for multicarrier communication systems[J]. Journal of Communications and Networks，2013，15（5）：485-486.

[42] Chen J C，Wen C K. A novel cognitive radio adaptation for wireless multicarrier systems[J]. IEEE Communications Letters，2010，14（7）：629-631.

[43] Rajagopalan H，Kovitz J M，Rahmat-Samii Y. MEMS reconfigurable optimized E-shaped patch antenna design for cognitive radio[J]. IEEE Transactions on Antennas and Propagation，2014，62（3）：1056-1064.

[44] Zhao Z J，Peng Z，Zheng S L，et al. Cognitive radio spectrum allocation using evolutionary algorithms[J]. IEEE Transactions on Wireless Communications，2009，8（9）：4421-4425.

[45] Zheng S，Lou C，Yang X. Cooperative spectrum sensing using particle swarm optimization[J]. Electronics Letters，2010，46（22）：1525-1526.

[46] Liu X，Evans B G，Moessner K. Energy-efficient sensor scheduling algorithm in cognitive radio networks employing heterogeneous sensors[J]. IEEE Transactions on Vehicular Technology，2015，64（3）：1243-1249.

[47] Zhang Z S，Long K P，Wang J P，et al. On swarm intelligence inspired self-organized networking：Its bionic mechanisms，designing principles and optimization approaches[J]. IEEE Communications Surveys & Tutorials，2014，16（1）：513-537.

[48] Huang X L，Wang G，Hu F，et al. The impact of spectrum sensing frequency and packet-loading scheme on multimedia transmission over cognitive radio networks[J]. IEEE Transactions on Multimedia，2011，13（4）：748-761.

[49] Huang X L，Wang G，Hu F，et al. Stability-capacity-adaptive routing for high-mobility multi-hop cognitive radio networks[J]. IEEE Transactions on Vehicular Technology，2011，60（6）：2714-2749.

[50] Ghasemi A，Masnadishirazi M，Biguesh M，et al. Channel assignment based on bee algorithms in multi-hop cognitive radio networks[J]. IET Communications，2014，8（13）：2356-2365.

[51] Nelson J K，Gupta M R，Almodovar J E，et al. A quasi EM method for estimating multiple

transmitter locations[J]. IEEE Signal Processing Letters，2009，16（5）：354-357.
[52] Quan Z，Cui S，Sayed A H. Optimal linear cooperation for spectrum sensing in cognitive radio networks[J]. IEEE Journal of Selected Topics in Signal Processing，2008，2（1）：28-40.
[53] Gabry F，Li N，Schrammar N，et al. On the optimization of the secondary transmitter's strategy in cognitive radio channels with secrecy[J]. IEEE Journal on Selected Areas in Communications，2014，32（3）：451-463.
[54] Yang J H，Chen J，Kuo Y H. Efficient swarm intelligent algorithm for power control game in cognitive radio networks[J]. IET Communications，2013，7（11）：1089-1098.
[55] Yang Y C，Jiang H，Liu C B，et al. Research on cognitive radio engine based on genetic algorithm and radial basis function neural network[C]. IEEE 2012 Spring Congress on Engineering and Technology（S-CET），Xi'an，2012：1-5.
[56] Elkhamy S E，Abouldahab M A，Attia M M. A hybrid of particle swarm optimization and genetic algorithm for multicarrier cognitive radio[C]. Radio Science Conference，New Cairo，2009：1-7.
[57] Chen S，Newman T R，Evans J B，et al. Genetic algorithm-based optimization for cognitive radio networks[C]. Sarnoff Symposium，Princeton，2010：12-14.
[58] Sanna M，Murroni M. Optimization of non-convex multiband cooperative sensing with genetic algorithms[J]. IEEE Journal of Selected Topics in Signal Processing，2011，5（1）：87-96.
[59] Ben-Tal A，Nemirovski A. Robust optimization-methodology and applications[J]. Mathematical Programming，2002，92（3）：453-480.
[60] Ben-Tal A，El Ghaoui L，Nemirovski A. Robust Optimization[M]. Princeton：Princeton University Press，2009.
[61] Bertsimas D，Brown D B，Caramanis C. Theory and applications of robust optimization[J]. SIAM Review，2011，53（3）：464-501.
[62] Shi Y，Hou Y T，Zhou H. Per-node based optimal power control for multi-hop cognitive radio networks[J]. IEEE Transactions on Wireless Communications，2009，8（10）：5290-5299.
[63] Ruan L，Lau V K N. Power control and performance analysis of cognitive radio systems under dynamic spectrum activity and imperfect knowledge of system state[J]. IEEE Transactions on Wireless Communications，2009，8（9）：4616-4622.
[64] Peh E C Y，Liang Y C，Guan Y L，et al. Power control in cognitive radios under cooperative and non-cooperative spectrum sensing[J]. IEEE Transactions on Wireless Communications，2011，10（12）：4238-4248.
[65] Xu Y J，Zhao X H. Optimal power allocation for multiuser underlay cognitive radio networks under QoS and interference temperature constraints[J]. China Communications，2013，10（10）：91-100.

[66] Monemi M，Rasti M，Hossain E. On joint power and admission control in underlay cellular cognitive radio networks[J]. IEEE Transactions on Wireless Communications，2015，14（1）：265-278.

[67] Gatsis N，Marques A G，Giannakis G B. Power control for cooperative dynamic spectrum access networks with diverse QoS constraints[J]. IEEE Transactions on Communications，2010，58（3）：933-944.

[68] Xiao Y，Bi G，Niyato D. A simple distributed power control algorithm for cognitive radio networks[J]. IEEE Transactions on Wireless Communications，2011，10（11）：3594-3600.

[69] Dall'Anese E，Kim S J，Giannakis G B，et al. Power control for cognitive radio networks under channel uncertainty[J]. IEEE Transactions on Wireless Communications，2011，10（10）：3541-3551.

[70] Chen Y，Yuan X，Mkiramweni M E，et al. Joint resource allocation and power control for cellular and device-to-device multicast based on cognitive radio[J]. IET Communications，2014，8（16）：2805-2813.

[71] Rintamaki M，Koivo H，Hartimo I. Adaptive closed-loop power control algorithms for CDMA cellular communication systems[J]. IEEE Transactions on Vehicular Technology，2004，53（6）：1756-1768.

[72] Ren W，Zhao Q，Swami A. Power control in cognitive radio networks：How to cross a multi-lane highway[J]. IEEE Journal on Selected Areas in Communications，2009，27（7）：1283-1296.

[73] Yang H J，Wang J L，Xia Y Q，et al. Robust optimisation of power control for femtocell networks[J]. IET Signal Processing，2013，7（5）：360-367.

[74] Parsaeefard S，Mihaela V D S，Sharafat A R. Robust power control for heterogeneous users in shared unlicensed bands[J]. IEEE Transactions on Wireless Communications，2014，13（6）：3167-3182.

[75] Yun S，Caramanis C. System-level optimization in wireless networks：Managing interference and uncertainty via robust optimization[J]. IEEE/ACM Transactions on Networking，2012，20（2）：339-352.

[76] Liu Z X，Yuan H H，Li H X，et al. Robust power control for amplify-and-forward relaying scheme[J]. IEEE Communications Letters，2015，19（2）：263-266.

[77] Singh S，Teal P D，Dmochowski P A，et al. Robust cognitive radio cooperative beamforming[J]. IEEE Transactions on Wireless Communications，2014，13（11）：6370-6381.

[78] Wang J H，Peng M G，Jin S，et al. A generalized nash equilibrium approach for robust cognitive radio networks via generalized variational inequalities[J]. IEEE Transactions on Wireless Communications，2014，13（7）：3701-3714.

[79] Patel A，Jagannatham A K. Non-antipodal signaling based robust detection for cooperative spectrum sensing in MIMO cognitive radio networks[J]. IEEE Signal Processing Letters，2013，20（7）：661-664.

[80] Wajid I，Pesavento M，Eldar Y C，et al. Robust downlink beamforming with partial channel state information for conventional and cognitive radio networks[J]. IEEE Transactions on Signal Processing，2013，61（14）：3656-3670.

[81] Yang C Y，Chen B S，Jian C Y. Robust two-loop power control for CDMA systems via multiobjective optimization[J]. IEEE Transactions on Vehicular Technology，2012，61（5）：2145-2157.

# 第 2 章　基于混沌粒子群优化的功率控制算法

## 2.1　概　　述

目前，各种群智能优化算法已经广泛地应用在认知无线电功率控制问题上，近年来涌现出大量的科研成果。Zhang 提出当主、次用户共享同一频带时采用贪婪算法获得最小的次用户总的传输功率[1]。但是对主、次用户而言，相互之间的干扰可能成为达到目的的一个限制性因素。Nainay 等提出了一个联合信道分配模型，通过引入带有局部信息的变异遗传算法，解决了功率控制问题[2]。Clemens 和 Rose 对于两种用户在未授权频谱的情况下，提出了重复博弈，并利用遗传算法搜索获得最优功率[3]。虽然遗传算法能够获得优化问题的解空间，但是它不能利用过去的结果而是通过重新赋值模式来找到最优解[4]。因此，这直接导致遗传算法的收敛速度过慢而无法适应动态变化的认知无线电环境。Motiian 等在认知无线电系统中考虑了干扰温度约束，提出了基于粒子群优化的功率控制算法。在这个方法中，他们把信号干扰噪声比（signal to interference plus noise ratio，SINR），简称信噪比，当作适应度函数，并通过邻域搜索获得最优解。然而，因其惯性权重是个常数，无法获得快速稳定的收敛性能[5]。唐美芹等提出在蜂窝网络中应用粒子群优化的功率分配算法。在求解过程中，该算法根据目标函数改变惯性权重[6]。然而，这个方案还是无法减少搜索空间而且收敛速度也不是很快。因此，为了提高粒子群优化算法的搜索速度，通过引入混沌粒子群优化算法来摆脱局部极值并改善收敛速度。当前，混沌粒子群优化算法已经广泛应用于数据聚类[7]和负载流算法[8]中。除此之外，由于功率分配的复杂性和空闲频谱数量的时变性，功率控制算法应具有快速收敛性以满足实际通信环境的需要。

本章研究基于下垫式频谱共享网络，多个次用户与主用户共同利用授权频谱的功率分配问题。为了获得最小的次用户功率消耗，提出了基于混沌粒子群优化的功率控制算法。该算法不仅考虑了主用户的干扰温度约束和次用户的传输功率约束，而且考虑了主用户的传输影响和次用户最小的信噪比约束。将所提算法与粒子群优化（particle swarm optimization，PSO）[4]算法和自适应粒子群优化（adapting particle swarm optimization，APSO）[9]算法进行了计算机数字仿真结果对比分析。

## 2.2　粒子群优化及混沌粒子群优化算法理论

### 2.2.1　粒子群优化算法

粒子群优化算法是由美国科研工作者 Eberhart 和 Kennedy 于 1995 年基于鸟类捕食行为提出的一种新的仿生进化算法[10]。粒子群优化算法的基本思想是每个粒子表示优化问题的一个潜在解，每个粒子对应一个适应度值，表示粒子的优劣，粒子的速度决定了其移动的方向和距离，速度随自身及其他粒子的经验进行动态调整，从而实现个体在可行解空间中的寻优[11]。

假设在一个 $N$ 维搜索空间中共有 $k$ 个粒子，第 $i$ 个粒子在第 $t$ 次算法迭代时的位置表示为 $X_i^t=(x_{i1}^t,x_{i2}^t,\cdots,x_{iN}^t)$，粒子的速度表示为 $V_i^t=(v_{i1}^t,v_{i2}^t,\cdots,v_{iN}^t)$。每个粒子在每一维的速度大小都根据自身和种群的“先前的经验”，即每个个体自身在搜索空间中找到的最优位置 $b_i^t=(x_{p1}^t,x_{p2}^t,\cdots,x_{pN}^t)$ 以及整个种群搜索到的最优位置 $g_i^t=(x_{g1}^t,x_{g2}^t,\cdots,x_{gN}^t)$ 来决定。每个粒子的速度与位置的更新公式如下：

$$V_i^{t+1}=\omega V_i^t+c_1\cdot\mathrm{rand}(b_i^t-X_i^t)+c_2\cdot\mathrm{rand}(\mathrm{gb}_i^t-X_i^t) \tag{2.1}$$

$$X_i^{t+1}=X_i^t+V_i^{t+1} \tag{2.2}$$

式中，$\omega$ 代表惯性权重[12]；非负常数 $c_1$ 和 $c_2$ 是加速因子[13]；rand 是一个 0～1 的随机数。为了避免粒子的盲目搜索，将其位置和速度限制在一定的区间内。

粒子群优化算法在每次更新完速度和位置后更新个体最优位置和种群最优位置，直至达到最大算法迭代次数或满足其他使算法终止的条件。

粒子群优化算法不需要待优化的问题是凸优化问题或者是可导可微的函

数，适用范围比较广。但同时粒子群优化算法也存在过早收敛的问题，尤其是在进化的后期收敛速度非常慢，容易陷入局部极值。

### 2.2.2 混沌粒子群优化算法

为了提高粒子群优化算法的收敛速度，可在粒子群优化算法某次搜索结束后添加混沌搜索策略。混沌粒子群优化（chaotic particle swarm optimization，CPSO）算法的基本思想是采用 Logistic 映射生成混沌变量[14]，如下：

$$\mathrm{cx}_{id}^{t+1} = \mu \cdot \mathrm{cx}_{id}^{t} \cdot (1 - \mathrm{cx}_{id}^{t}) \tag{2.3}$$

式中，$\mu$ 是一个控制参数；$\mathrm{cx}_{id}^{t}$ 是整个混沌序列中的第 $i$ 个混沌变量在第 $t$ 次混沌搜索中第 $d$ 维中的分量。

然后将混沌变量线性映射为粒子的位置变量，如下：

$$x_{id}^{t+1} = x_{d}^{\min} + \mathrm{cx}_{id}^{t+1}(x_{id}^{\max} - x_{id}^{\min}) \tag{2.4}$$

式中，$x_{d}^{\min}$ 是搜索空间中每一维的最小值；$\mathrm{cx}_{id}^{t+1}$ 是整个混沌序列中的第 $i$ 个混沌变量在第 $t+1$ 次混沌搜索中第 $d$ 维中的分量；$x_{id}^{\min}$ 和 $x_{id}^{\max}$ 是整个混沌序列中的第 $i$ 个混沌变量第 $d$ 维的分量中的最小值和最大值。

## 2.3 功率控制算法

### 2.3.1 系统模型

在认知无线电系统中有两种频谱接入方式，一种是频谱共享方式，另一种是机会频谱接入方式[15]。频谱共享方式是指次用户与主用户可以共享同一段频谱，同时满足次用户产生的干扰不能超过主用户所允许的最大干扰阈值；机会频谱接入方式是充分利用频谱感知技术探测主用户的传输状态，当主用户没有占用空闲频谱时，次用户可以使用该空闲频谱。本章以频谱共享方式为平台研究认知无线电网络。

我们考虑了一个分布式频谱共享的认知无线电网络，有 $N$ 条次用户链路和 $M$ 条主用户链路并且每一条链路都具有发射机和接收机。为了保证主用户的通信质量，最关键的约束是所有次用户发射机所产生的干扰不能超过主用户所能接受的干扰门限值[16]。它可以由式（2.5）表示：

$$\sum_{i=1}^{N} p^i G^{ik} \leqslant P_{\text{th}}^k \tag{2.5}$$

式中，$p^i$ 表示在第 $i$ 个次用户发射机上的发射功率；$G^{ik}$ 表示从第 $i$ 条链路上的次用户发射机到第 $k$ 条链路上的主用户接收机之间的信道增益；$P_{\text{th}}^k$ 表示在链路 $k$ 上主用户发射机所能允许的最大干扰功率。

为了保证次用户的通信质量，每个次用户发射机的信噪比不应该低于它所允许的最小门限值，即满足：

$$\gamma^i \geqslant \gamma_{\text{th}}^i \tag{2.6}$$

式中，$\gamma_{\text{th}}^i > 0$ 表示在链路 $i$ 上次用户接收机最小的信噪比；$\gamma^i$ 表示在链路 $i$ 上的实际信噪比，定义为[17]

$$\gamma^i = \frac{p^i g^{ii}}{I^i} \tag{2.7}$$

式中，$g^{ii} = 1$ 表示在链路 $i$ 上次用户发射机和接收机之间的直接信道干扰增益；$I^i > 0$ 是在链路 $i$ 上次用户接收机之间接收的噪声与干扰的总和，定义如下：

$$I^i = \sigma^i + \sum_{j \neq i} \eta^{ji} p^j + L^i \tag{2.8}$$

其中，$\sigma^i$ 表示链路 $i$ 的背景噪声；$p^j$ 表示在链路 $j$ 上次用户发射机的传输功率；$\eta^{ji} \geqslant 0$ 表示从链路 $j$ 上的次用户发射机到链路 $i$ 上的接收机的干扰增益；$L^i$ 表示从所有主用户的发射机到链路 $i$ 上活跃的次用户接收机上总的干扰功率。

对于每条链路上的次用户发射机，它的传输功率应该低于该装置的额定功率。因此它可以表示为

$$0 \leqslant p^i \leqslant p_{\max}^i \tag{2.9}$$

为了提高频谱利用效率，我们的目标是最小化所有次用户发射机的传输功率，同时满足总的干扰功率约束式（2.5）、最小信噪比约束式（2.6）和次用户传输功率范围约束式（2.9）。其对应的功率优化问题为

$$\begin{aligned} &\min \sum_i p^i \\ &\text{s.t.} \begin{cases} \sum_{i=1}^{N} p^i G^{ik} \leqslant P_{\text{th}}^k \\ \gamma^i \geqslant \gamma_{\text{th}}^i \\ 0 \leqslant p^i \leqslant p_{\max}^i \end{cases} \end{aligned} \tag{2.10}$$

### 2.3.2　优化数学模型

本节采用混沌粒子群优化算法来解决认知无线电网络下垫式场景中次用户的传输功率问题。根据粒子群优化[10]和惩罚函数的相关理论[18]，我们知道位置、速度和适应度函数是描述每个粒子的三大特征。假设第 $j$ 个粒子的位置和速度可以分别表示为 $\text{px}^j = (\text{px}^{j,1}, \text{px}^{j,2}, \cdots, \text{px}^{j,N})$ 和 $\text{pv}^j = (\text{pv}^{j,1}, \text{pv}^{j,2}, \cdots, \text{pv}^{j,N})$。那么上述非线性优化问题即式（2.10）可以转换成如下适应度函数：

$$\begin{aligned} &F(\text{px}^{j,1}, \text{px}^{j,2}, \cdots, \text{px}^{j,N}) \\ &= \begin{cases} f(\text{px}^{j,1}, \text{px}^{j,2}, \cdots, \text{px}^{j,N}) \text{px}^{j,i} - \text{px}_{\max}^i \leqslant 0, \gamma_{\text{th}}^i - \gamma^{j,i} \leqslant 0, \sum_{i=1}^{N} \text{px}^{j,i} G^{ik} - P_{\text{th}}^k \leqslant 0, \\ j = 1, 2, \cdots, I; i = 1, 2, \cdots, N; k = 1, 2, \cdots, M \\ f_{\max} + \left\langle \text{px}^{j,i} - \text{px}_{\max}^i \right\rangle + \left\langle \gamma_{\text{th}}^i - \gamma^{j,i} \right\rangle + \left\langle \sum_{i=1}^{N} \text{px}^{j,i} G^{ik} - P_{\text{th}}^k \right\rangle \end{cases} \end{aligned} \tag{2.11}$$

式中

$$f(\text{px}^{j,1}, \text{px}^{j,2}, \cdots, \text{px}^{j,N}) = \sum_{i=1}^{N} p^{j,i} = \sum_{i=1}^{N} p^i, \quad j \in \forall I \tag{2.12}$$

$f(\mathrm{px}^{j,1},\mathrm{px}^{j,2},\cdots,\mathrm{px}^{j,N})$ 表示目标函数；$f_{\max}$ 是目标函数可行解中最差的值，如果目标函数的可行解不存在，则 $f_{\max}$ 被设置成 0；$\langle a\rangle$ 表示当 $a\geqslant 0$ 时，取 $a$ 值，当 $a<0$ 时，取 0 值；$I$ 代表粒子数量。

适应度函数用来评估每个粒子的性能优劣从而寻找到最优解。如果当前解 $\mathrm{px}^j$ 的值比之前搜索到的任何一个值都优，那么令该个体的最优解等于该个体的当前解 $\mathrm{zpx}^j=\mathrm{px}^j=(\mathrm{px}^{j,1},\mathrm{px}^{j,2},\cdots,\mathrm{px}^{j,N})$。同时，如果当前解 $\mathrm{px}^j$ 是整个种群中的最优解，那么令全局最优解等于当前解 $\mathrm{gpx}=\mathrm{px}^j=(\mathrm{px}^{j,1},\mathrm{px}^{j,2},\cdots,\mathrm{px}^{j,N})$。

### 2.3.3　功率分配

在进化过程中，第 $j$ 个粒子的第 $i$ 维按下面两个公式更新粒子位置 $\mathrm{px}^j$ 和速度 $\mathrm{pv}^j$：

$$\mathrm{px}_{t+1}^{j,i}=\omega\mathrm{pv}_t^{j,i}+c_1\mathrm{rand}_1^i(\mathrm{zpx}_t^{j,i}-\mathrm{px}_t^{j,i})+c_2\mathrm{rand}_2^i(\mathrm{gpx}_t^i-\mathrm{px}_t^{j,i}) \tag{2.13}$$

$$\mathrm{px}_{t+1}^{j,i}-\mathrm{px}_t^{j,i}+\mathrm{pv}_{t+1}^{j,i} \tag{2.14}$$

式中，$\omega$ 是惯性权重；$\mathrm{px}_t^{j,i}$ 表示第 $t$ 次迭代下的第 $j$ 个粒子在第 $i$ 维上的位置，同时代表第 $i$ 个次用户的传输功率；$\mathrm{zpx}_t^{j,i}$ 表示第 $t$ 次迭代下的第 $j$ 个粒子在第 $i$ 维上的个体最优值；$\mathrm{gpx}_t^i$ 表示第 $t$ 次迭代下第 $i$ 维上的全局最优值；$c_1$ 和 $c_2$ 是两个加速因子；$\mathrm{rand}_1^i$ 和 $\mathrm{rand}_2^i$ 是两个服从均匀分布的 0～1 的随机数。

当对复杂的优化问题进行求解时，基本粒子群优化算法很容易陷入局部最优。为了避免这样的问题产生，我们引入惯性权重这个变量平衡粒子群优化算法的全局搜索能力和局部搜索能力。惯性权重通过粒子历史的速度来控制当前的速度。在自适应粒子群优化算法中，惯性权重是能够随着迭代次数的增加而动态地变化的，改善了粒子群容易陷入局部最优的问题。但是该算法收敛速度还是很慢，不能令人满意。根据混沌变量的性质，混沌粒子群优化算法的进化过程是将子代个体分布在一个预定义的空间中并且克服了子代的早熟现象。所以，对于一些粒子我们引入混沌扰动并对其重新初始化，提高了收敛速度。这个具体的混沌搜索过程如下。

首先，定义一个随着迭代次数增加而线性递减的惯性权重：

$$\omega = \omega_{\max} - \frac{\omega_{\max} - \omega_{\min}}{T} t \tag{2.15}$$

式中，$t$ 是当前进化代数；$T$ 是最大进化代数。

其次，将每一维的速度的变化范围做了一个限制，当搜索速度超过最大值或低于最小值时，将被赋予最大值或最小值：

$$\mathrm{pv}_t^{j,i} = \begin{cases} \mathrm{PV}_{\max}, & \mathrm{pv}_t^{j,i} \geqslant \mathrm{PV}_{\max} \\ \mathrm{PV}_{\min}, & \mathrm{pv}_t^{j,i} \leqslant \mathrm{PV}_{\min} \end{cases} \tag{2.16}$$

式中，$\mathrm{PV}_{\min}$ 和 $\mathrm{PV}_{\max}$ 分别是每个粒子在每一维上的最小速度和最大速度。

然后，采用 Logistic 映射方法，产生一个混沌序列：

$$s_{t+1}^{j,i} = \mu s_t^{j,i}(1 - s_t^{j,i}) \tag{2.17}$$

式中，$s_t^{j,i}$ 是第 $t$ 次迭代下的第 $j$ 个混沌变量 $s^j$ 在第 $i$ 维中的分量；$\mu$ 是一个控制参数。当 $\mu = 4$ 时，整个系统将完全处于混沌状态。

最后，将混沌变量 $s_t^{j,i}$ 映射为功率变量：

$$\mathrm{px}_{t+1}^{j,i} = \mathrm{px}_{\min}^{j,i} + s_{t+1}^{j,i}(\mathrm{px}_{\max}^{j,i} - \mathrm{px}_{\min}^{j,i}) \tag{2.18}$$

式中，$\mathrm{px}_{\min}^{j,i}$ 和 $\mathrm{px}_{\max}^{j,i}$ 分别是次用户 $i$ 的传输功率的最小值和最大值。这个最小值和最大值是通过多次迭代后由最优值的范围决定的。

为了提高算法的收敛速度和搜索的精度，引入式（2.19）、式（2.20）来缩小搜索空间：

$$\mathrm{px}_{\min}^{j,i} = \max\{\mathrm{px}_{\min}^{j,i}, \mathrm{gpx}^i - \tau(\mathrm{px}_{\max}^{j,i} - \mathrm{px}_{\min}^{j,i})\} \tag{2.19}$$

$$\mathrm{px}_{\max}^{j,i} = \min\{\mathrm{px}_{\max}^{j,i}, \mathrm{gpx}^i - \tau(\mathrm{px}_{\max}^{j,i} - \mathrm{px}_{\min}^{j,i})\} \tag{2.20}$$

综上，基于混沌粒子群优化的功率控制算法具体步骤如下。

（1）初始化参数：设 $t = 0$，$I > 0$，$0 \leqslant p_0^{j,i} \leqslant p_{\max}^i$，$\mathrm{PV}_{\min} \leqslant \mathrm{pv}_0^{j,i} \leqslant \mathrm{PV}_{\max}$，$\mathrm{PV}_{\max} > 0$，$\mathrm{PV}_{\min} > 0$，$\sigma^i > 0$，$L > 0$，$G > 0$，$\gamma_{\mathrm{th}}^i > 0$，$P_{\mathrm{th}}^k > 0$，$T > 0$，$\omega > 0$，$\omega_{\min} > 0$，$c_1 > 0$，$c_2 > 0$。

（2）根据式（2.11）来计算适应度函数值。然后，通过比较上次和这次的适应度函数值，确定每个个体所经历的最优解 $zpx^j$ 和种群当中的全局最优解 gpx 。

（3）根据式（2.15）更新 $\omega$ ，根据式（2.13）和式（2.14）更新粒子的位置和速度，当前迭代次数加 1。

（4）根据序列原则，选出扰动少的适应度函数值，较差的适应度函数值集中处理，重新初始化，然后更新 $zpx^j$ 和 gpx 。进一步，根据式（2.19）和式（2.20）缩小搜索空间。

（5）如果 $t \leqslant T$ ，转到步骤（3）；否则，转到步骤（6）。

（6）输出全局最优解 gpx ，它就是所有次用户的最小传输功率之和。

## 2.4　仿真实验与结果分析

本节利用计算机仿真实验结果，将混沌粒子群优化算法、粒子群优化算法和自适应粒子群优化算法进行系统性能对比分析。

假设在频谱共享的认知无线电网络里有三条次用户链路和一条主用户链路，$M=1$，$N=3$ 。每个次用户发射机的最大传输功率 $p_{\max}^i = 1\text{ W}$ ，主用户的接收机最大干扰功率是 $P_{\text{th}}^k = 1\text{W}$ ，每个主用户的接收机的最小信噪比是 $\gamma_{\text{th}}^i = [1;1;1]\text{dB}$ ，背景噪声是 $\sigma^i = [0.013;0.014;0.0135]\text{ W}$ ，链路 $j$ 上的次用户发射机到链路 $i$ 上的次用户接收机的干扰增益是 $\eta^{ji} = [1,0.025,0.036;0.035,1,0.048;0.046,0.028,1]$ 。所有主用户发射机对活跃的次用户接收机的总干扰功率是 $L = [0.027;0.038;0.032]\text{ W}$ 。链路 $i$ 上的次用户发射机到所有链路上的主用户接收机之间的信道增益是 $G = [0.46;0.47;0.48]$ 。在本书给出的算法中，粒子个数是20个，迭代次数是20次，学习因子 $c_1 = 1.5$，$c_2 = 1.5$ ，SU1、SU2、SU3 分别表示次用户 1、次用户 2、次用户 3。在混沌粒子群优化算法中，$\omega_{\min} = 0.2$、$\omega_{\max} = 1.2$ 分别是最小和最大的惯性权重，在粒子群优化算法中，$\omega = 0.9$ 是惯性权重，设速度 $[\text{PV}_{\min}, \text{PV}_{\max}] = [-1,1]$ 。仿真结果如图 2.1～图 2.8 所示。

从图 2.1～图 2.3 可以看出，无论采用粒子群优化算法、自适应粒子群优化算法还是采用混沌粒子群优化算法，所获得的次用户发射机的传输功率都低于它本身所允许的最大传输功率。并且所提出的混沌粒子群优化算法获得次用户的发射功率要低于其他两个算法，低 50%左右。

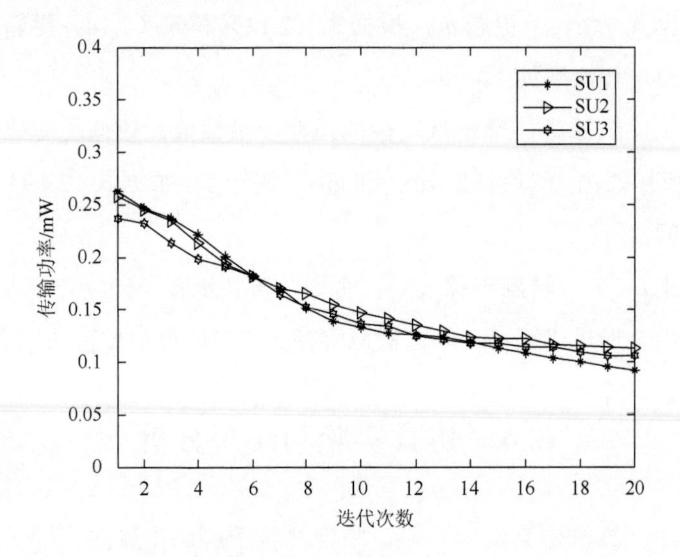


图 2.1　由粒子群优化算法获得的次用户发射机的传输功率

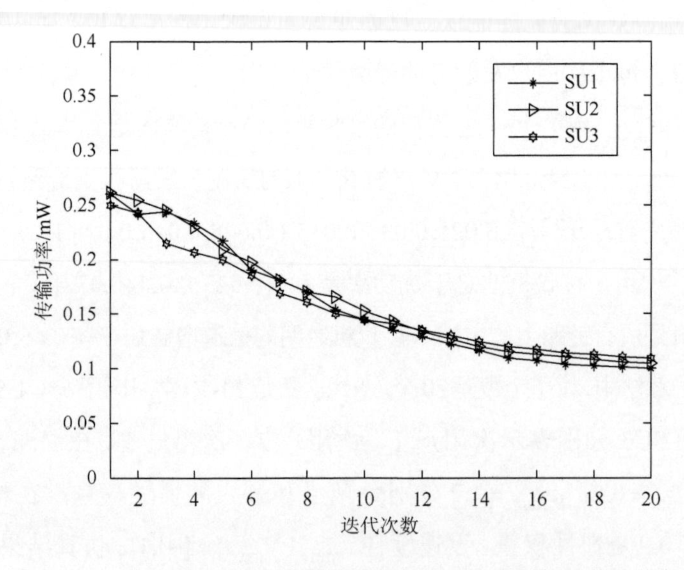


图 2.2　由自适应粒子群优化算法获得的次用户发射机的传输功率

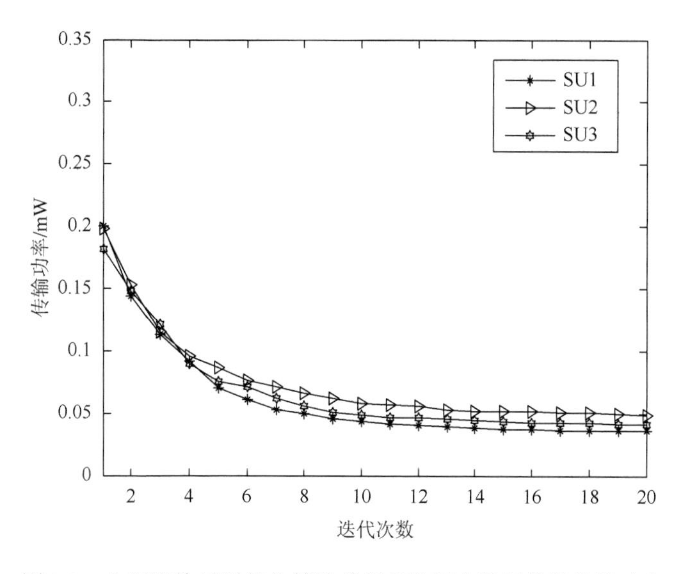


图 2.3　由混沌粒子群优化算法获得的次用户发射机的传输功率

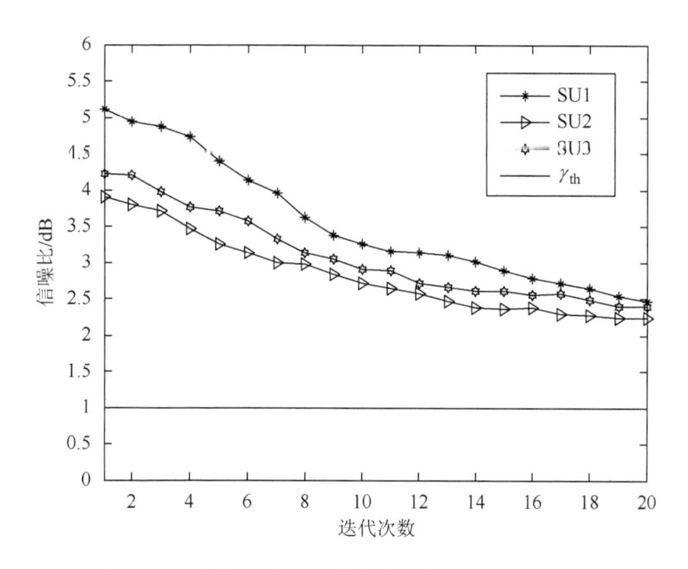


图 2.4　由粒子群优化算法获得的次用户信噪比

图 2.4～图 2.6 表明混沌粒子群优化算法、自适应粒子群优化算法和粒子群优化算法都满足最小的信噪比约束条件，都保证了次用户的基本通信质量。根据式（2.7）可以知道，在理想情况下，信噪比与发射功率成正比，与干扰成反比。但是我们发现一个问题，在同等的干扰条件下，例如，次用户 2，在图 2.1～图 2.3 中，由粒子群

优化算法和自适应粒子群优化算法获得的收敛后的发射功率约为混沌粒子群优化算法发射功率的 2 倍，但是图 2.4～图 2.6 中由混沌粒子群优化算法所得到的信噪比收敛值分别是由粒子群优化算法和自适应粒子群优化算法所得到的信噪比收敛值的 48%和 65%。因此，本章所提出的混沌粒子群优化算法具有更好的抗干扰能力。

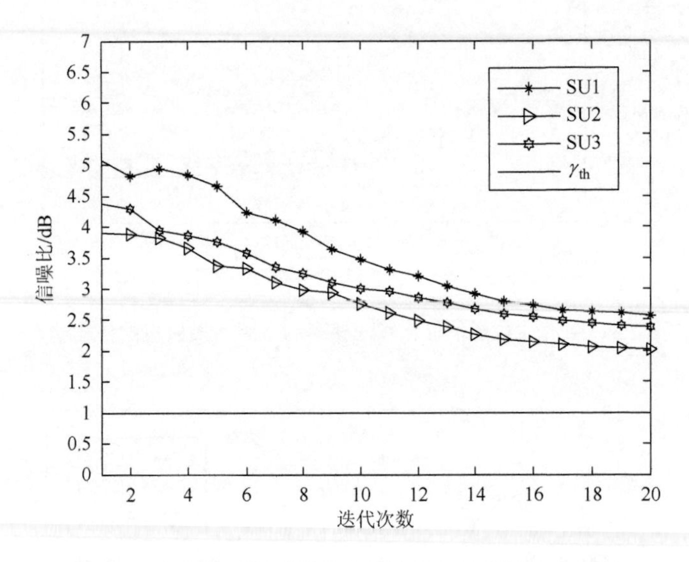


图 2.5　由自适应粒子群优化算法获得的次用户信噪比

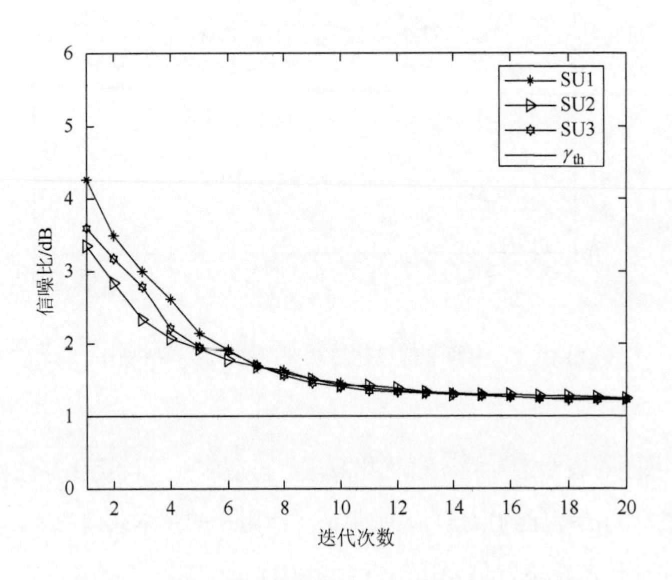


图 2.6　由混沌粒子群优化算法获得的次用户信噪比

图 2.7 和图 2.8 中的结果表明，本章所提出的混沌粒子群优化算法获得次用户的总的发射功率和对主用户的干扰的性能比粒子群优化算法和自适应粒子群优化算法更优越。具体而言，正如图 2.7 所示，通过对一些粒子引入混沌扰动重新初始化一些粒子和在每次更新以后缩小搜索空间，可使算法的收敛速度得以提高，混沌粒子群优化算法在迭代 12 次时，获得稳定点，而粒子群优化算法和自适应粒子群优化算法直到迭代 20 次时才达到稳定状态。

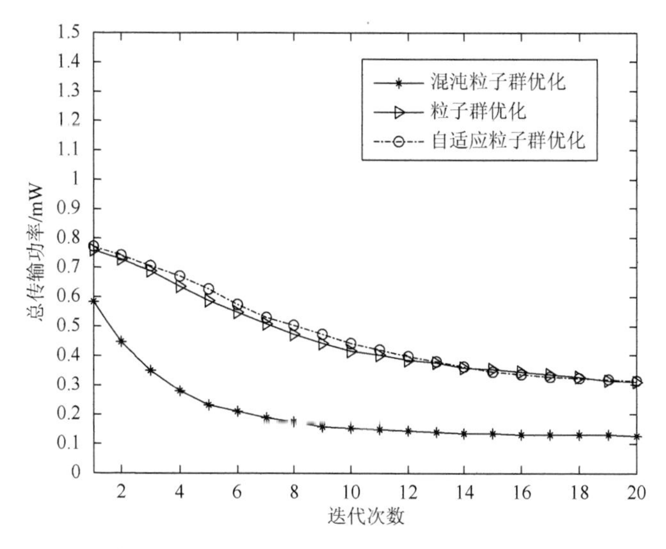


图 2.7　三种算法获得的次用户总传输功率

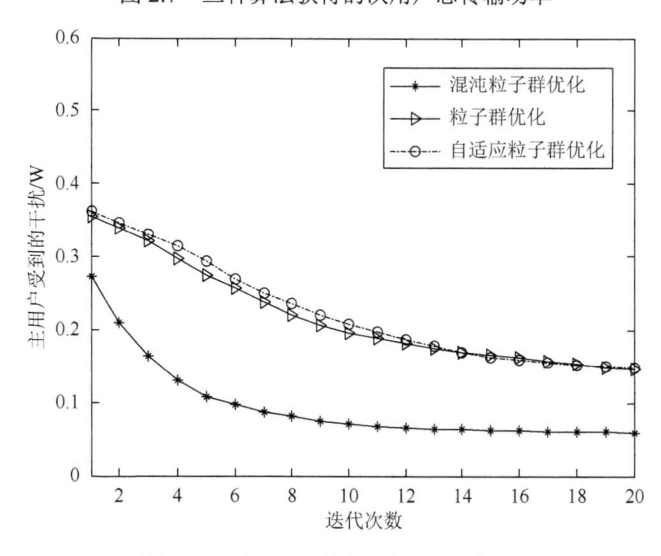


图 2.8　三种算法求得的对主用户的干扰

## 2.5 小　结

本章首先阐述了各种智能算法如何解决功率控制问题以及粒子群优化、混沌粒子群优化算法的原理。在此基础上，以下垫式模型为背景提出最小化次用户总功率的优化目标，同时考虑主、次用户的通信质量，通过混沌粒子群优化算法对其进行优化求解，得出了最优功率控制算法。根据对所得出的理论算法进行计算机数字仿真实验分析，得出了所提出的混沌粒子群优化算法在节省总的发射功率的同时，满足系统性能的需求，算法的收敛速度有所提高，其他次用户对主用户的不良影响有所降低的结论。

### 参考文献

[1] Zhang G. Subcarrier and bit allocation for real-time services in multiuser OFDM systems[C]. IEEE International Conference on Communications，Paris，2004：2985-2989.

[2] Nainay M Y E，Friend D H，Mackenzie A B. Channel allocation & power control for dynamic spectrum cognitive networks using a localized island genetic algorithm[C]. 3rd IEEE Symposium on New Frontiers in Dynamic Spectrum Access Networks，Chicgao，2008：1-5.

[3] Clemens N，Rose C. Intelligent power allocation strategies in an unlicensed spectrum[C]. 2005 First IEEE International Symposium on New Frontiers in Dynamic Spectrum Access Networks，Baltimore，2005：37-42.

[4] Rondeau T W，Le B，Maldonado D，et al. Optimization，learning，and decision making in a cognitive engine[C]. Proceedings of SDR FORUM，Orlando，2006.

[5] Motiian S，Aghababaie M，Soltanian-Zadeh H. Particle swarm optimization（PSO）of power allocation in cognitive radio systems with interference constraints[C]. 4th IEEE International Conference on Broadband Network and Multimedia Technology（IC-BNMT），Shenzhen，2011：558-562.

[6] 唐美芹，刘晓华，辛亚林. 认知无线电网络中基于改进粒子群的功率控制最优化算法：101982992A[P]. 2011-03-02.

[7] Na R S，Li Q，Wu L J. Chaotic particle swarm optimization for data clustering[J]. Expert Systems with Applications，2011，38（12）：14555-14563.

[8] Acharjee P，Goswami S K. Chaotic particle swarm optimization based robust load flow[J]. International Journal of Electrical Power & Energy Systems，2010，32（2）：141-146.

[9] Xu S Q，Zhang Q Y，Lin W. PSO-based OFDM adaptive power and bit allocation for multiuser

cognitive radio system[C]. 5th International Conference on Wireless Communications，Networking and Mobile Computing，Beijing，2009：1-4.

[10] Eberhart R C，Kennedy J. Particle swarm optimization[C]. IEEE International Conference on Neural Networks，Perth，1995：1942-1948.

[11] 史峰，王辉，郁磊，等. MATLAB 智能算法 30 个案例分析[M]. 北京：北京航空航天大学出版社，2011.

[12] Yu S S，Eberhart R. A modified particle swarm optimizer[C]. IEEE World Congress on Computational Intelligence，Anchorage，1998：69-73.

[13] Eberhart R C，Kennedy J.A new optimizer using particle swarm theory[C]. Proceedings of the Sixth International Symposium on Micro Machine and Human Science，Nagoya，1995：39-43.

[14] Chen R Q，Yu J S. Study and application of chaos particle swarm optimization based hybrid optimization algorithm[J]. Journal of System Simulation，2008，20（6）：685-688.

[15] Wang B，Liu K J R. Advances in cognitive radio networks：A survey[J]. IEEE Journal of Selected Topics in Signal Processing，2011，5（1）：5-23.

[16] Clancy T C. Formalizing the interference temperature model[J]. Wireless Communications and Mobile Computing，2007，7（9）：1077-1086.

[17] Islam H，Liang Y C，Hoang A T. Joint beamforming and power control in the downlink of cognitive radio networks[C]. 2007 IEEE Wireless Communications and Networking Conference，Kowloon，2007：21-26.

[18] Deb K. An efficient constraint handling method for genetic algorithms[J]. Computer Methods in Applied Mechanics & Engineering，2000，186（2）：311-338.

# 第3章 基于动态粒子群优化的功率控制算法

## 3.1 概　　述

下垫式频谱共享技术已经用于蜂窝网络的扩频技术中，次用户可占用系统的整个带宽。因此，任何单个次用户的干扰信号在主用户看来就近似于高斯白噪声，但是多个次用户的干扰叠加仍然能对主用户造成严重的干扰[1]。在实际动态的通信环境中，认知无线电网络次用户的数量是不断变化的，频谱空洞也随着主用户进出网络而变化，因此如何在动态的环境中有效地控制认知无线电系统的功率是至关重要的。

因此，本章在下垫式场景中，引入动态粒子群优化算法[2]。该算法已经应用到感应机的参数估计[3]、基于环境改变的太阳能光伏面板最大功率获得[4]等方面。本章利用动态粒子群优化算法来解决动态通信环境中的功率控制问题。具体而言，在动态粒子群优化算法中，通过设置敏感粒子来探测通信环境的变化，利用普通粒子来搜索认知用户发射机的最优传输功率。最后，计算机数字仿真实验也验证了我们所提的动态粒子群优化算法可以获得最小的次用户总传输功率，并提高了在动态环境中认知无线电网络的稳定性。同时，还将该算法与粒子群优化算法[5]和混沌粒子群优化算法[6]进行了比较。

## 3.2 动态粒子群优化算法

实际生活中，外部的环境总会发生一定的改变，这种改变是随机的、不确定的。此时，粒子群优化算法无法根据适应度值的变化而变化，它仍然根据以往的经验进行搜索，这会直接导致种群陷入对先前环境的寻优，甚至混乱。因此，我们通过引入一种探测外部环境变化的机制和一个与之相适应的响应方案来对粒子群优化算法进行改进，这种算法称为动态粒子群优化算法。

其具体优化原理如下。

首先，引入一种新型粒子——敏感粒子 sX。这种粒子只有位置矢量，没有速度矢量，因此敏感粒子同样有属于它们自己的适应度值 $f(\mathrm{sX})$。在第 $k$ 个环境下，将搜索空间均匀地分成 $N_\lambda$ 个子空间，每个子空间随机地初始化 $N_S$ 个敏感粒子，种群中第 $\sigma_k^i$ 个敏感粒子的表示形式为 $\mathrm{sX}_j^k=(\mathrm{sx}_{j1}^k,\mathrm{sx}_{j2}^k,\cdots,\mathrm{sx}_{jd}^k)$。在每次环境发生不确定的变化时，对所有的敏感粒子做以下操作：

$$\Delta f_j=\left|f(\mathrm{sX}_j^{k+1})-f(\mathrm{sX}_j^k)\right| \tag{3.1}$$

$$\Phi=\sum_{j=1}^{N}\Delta f_j,\quad N=N_\lambda N_S \tag{3.2}$$

式中，$f(\mathrm{sX}_j^{k+1})$ 和 $f(\mathrm{sX}_j^k)$ 分别是敏感粒子 $\mathrm{sX}_j$ 在第 $k+1$ 个环境下和第 $k$ 个环境下的适应度值；$\Phi$ 是所有敏感粒子在该相邻环境下所得到的两个适应度值差的绝对值总和。

不难理解，如果环境没有发生改变，那么 $\Phi$ 值必为 0。甚至在 $\Phi$ 值非常小的时候，也可以认为环境没有发生改变。因此，在制订响应方案时，预先设置一个响应阈值 $\Phi_{\mathrm{th}}$。当 $\Phi>\Phi_{\mathrm{th}}$ 时，执行以下响应操作：

$$\begin{cases} X_i^{k+1,t}=X_i^{\max}\mathrm{rand}(1,d) \\ V_i^{k+1,t}=V_i^{\max}\mathrm{rand}(1,d) \end{cases},\quad i=1,2,\cdots,\frac{N}{\lambda} \tag{3.3}$$

式中，$\mathrm{rand}(1,d)$ 是一个 $d$ 维行矢量，其中的每个元素都是 0～1 的随机数；$\lambda$ 是一个正数且 $\lambda<N$。即响应操作就是将一部分普通粒子的位置和速度重新初始化，然后在新的环境下重新寻找全局最优，寻优过程和粒子群优化算法一致，直至环境迭代结束。

## 3.3　功率控制算法

### 3.3.1　系统模型

在分布式认知无线电网络的下垫式场景中，我们引入了功率控制模型。假

定认知系统中有 $M$ 个主用户的收发机对和 $N$ 个次用户的收发机对同时共享一段频谱。为了不影响主用户的通信质量，来自次用户发射机的总干扰不能够超过主用户所能忍受的干扰功率阈值，因此有

$$\sum_{l=1}^{N} p_l H_{lm} \leqslant P_m^{\text{th}} \tag{3.4}$$

式中，$p_l$ 是第 $l$ 个次用户发射机的传输功率，$l \in [1, N]$；$H_{lm}$ 是在第 $l$ 个次用户发射机和第 $m$ 个主用户接收机之间的信道增益；$P_m^{\text{th}}$ 是第 $m$ 个主用户所能默许的最大干扰门限值。

考虑到次用户的通信质量，每个次用户接收机的信噪比不能低于最低信噪比阈值 $\gamma_l^{\text{th}} > 0$。它被表述为

$$\gamma_l \geqslant \gamma_l^{\text{th}} \tag{3.5}$$

式中，$\gamma_l$ 是当前第 $l$ 个次用户接收机的信噪比[7]，且

$$\gamma_l = \frac{p_l \mu_{ll}}{\sum\limits_{l \neq \alpha} \mu_{l\alpha} p_\alpha + B_l + L_l} \tag{3.6}$$

式中，$\mu_{ll}$ 是第 $l$ 个次用户发射机与接收机之间的自身信道增益；$\mu_{l\alpha}$ 是第 $l$ 个次用户发射机至第 $\alpha$ 个次用户接收机之间的干扰增益；$p_\alpha$ 是第 $\alpha$ 个次用户发射机的传输功率；正参数 $B_l$ 是第 $l$ 个次用户接收机上的归一化背景噪声；$L_l = \sum_m p_m G_{ml}$ 是所有的主用户发射机对第 $l$ 个活跃次用户接收机的总干扰，$p_m$ 是第 $m$ 个主用户发射机的传输功率，$G_{ml}$ 是第 $m$ 个主用户发射机至第 $l$ 个次用户接收机之间的干扰增益。每个次用户接收机的总干扰和噪声定义为

$$I_l = \sum_{l \neq \alpha} \mu_{l\alpha} p_\alpha + B_l + L_l \tag{3.7}$$

式（3.6）也可以写为

$$\gamma_l = \frac{p_l \mu_{ll}}{I_l} \tag{3.8}$$

最后，每个次用户的发射机传输功率不能够超过其发射机所允许的最大功率范围，因此有

$$0 \leqslant p_l \leqslant p_l^{\max} \tag{3.9}$$

式中，$p_l^{\max}$ 是每个次用户发射机的最大传输功率。

为了减少系统能量损耗，我们的目标是在满足上述三个约束条件即式(3.4)、式（3.5）和式（3.9）的同时，最小化次用户发射机的传输功率。最后，功率控制优化问题可以归纳为下面的优化问题：

$$\min \sum_l p_l$$

$$\text{s.t.}\begin{cases}\sum_{l=1}^{N} p_l H_{lm} \leqslant P_m^{\text{th}} \\ \gamma_l^{\text{th}} \leqslant \gamma_l \\ 0 \leqslant p_l \leqslant p_l^{\max}\end{cases} \tag{3.10}$$

## 3.3.2　优化数学模型

在下垫式认知无线电网络中，我们运用动态粒子群优化算法来解决每个认知用户的传输功率控制问题。动态粒子群优化算法[2]是一个非常重要的群智能算法，它主要由适应度函数、敏感粒子和普通粒子构成。因此，根据准确罚函数理论[8]，上述优化问题转化为如下适应度函数：

$$F(\text{pX}_i^{k,t}) = \begin{cases} f(\text{pX}_i^{k,t})\sum_{l=1}^{N}\text{px}_{i,l}^{k,t}H_{lm} - P_m^{\text{th}} \leqslant 0, \gamma_{i,l}^{\text{th}} - \gamma_{i,l}^{k,t} \leqslant 0, \text{px}_{i,l}^{k,t} - \text{px}_{i,l}^{\max} \leqslant 0 \\ l = 1,2,\cdots,N; i = 1,2,\cdots,n; t = 1,2,\cdots,T; k = 1,2,\cdots,K \\ g(f(\text{pX}_i^{k,t}), \rho, f(\text{gpX}_i^{k,t})) \end{cases} \tag{3.11}$$

式中，$\text{pX}_i^{k,t}$ 是在第 $k$ 个环境下、第 $t$ 次迭代中第 $i$ 个普通粒子的位置，且

$$\text{pX}_i^{k,t} = (\text{px}_{i,1}^{k,t}, \cdots, \text{px}_{i,l}^{k,t}, \cdots, \text{px}_{i,N}^{k,t}) \tag{3.12}$$

$\mathrm{px}_{i,l}^{k,t}$ 是第 $k$ 个环境下、第 $t$ 次迭代中第 $i$ 个普通粒子在第 $l$ 维搜索空间中的位置；$N$ 是最大搜索维度；$n$ 是普通粒子的个数；$T$ 是算法在每个环境下的最大迭代次数；$K$ 是环境改变的最大次数。

当 $\mathrm{px}_{i,l}^{k,t}$ 满足所有的约束条件时，可得到最小的总传输功率：

$$f(\mathrm{pX}_i^{k,t}) = \sum_{l=1}^{N} \mathrm{px}_{i,l}^{k,t} \tag{3.13}$$

如果 $\mathrm{px}_{i,l}^{k,t}$ 不满足任何约束条件，将利用适应度函数 $g(f(\mathrm{pX}_i^{k,t}),\rho,f(\mathrm{gpX}^{k,t}))$ 来计算种群中的最坏可行解，定义如下：

$$g(f(\mathrm{pX}_i^{k,t}),\rho,f(\mathrm{gpX}^{k,t})) = \left\lceil f(\mathrm{pX}_i^{k,t}) - f(\mathrm{gpX}^{k,t}) \right\rceil^{1/4} + \rho\left( \max\left\{\mathrm{px}_{i,l}^{k,t}, \mathrm{px}_{i,l}^{\max}\right\}^{1/4} + \max\left\{\gamma_{i,l}^{\mathrm{th}}, \gamma_{i,l}^{k,t}\right\}^{1/4} + \max\left\{\sum_{l=1}^{N}\mathrm{px}_{i,l}^{k,t} H_{lm}, P_m^{\mathrm{th}}\right\}^{1/4} \right) \tag{3.14}$$

式中，$\rho$ 是惩罚因子；$\mathrm{gpX}^{k,t}$ 是第 $k$ 个环境下第 $t$ 次迭代中的最优粒子的位置，它可以描述为

$$\mathrm{gpX}^{k,t} = (\mathrm{gpx}_1^{k,t},\cdots,\mathrm{gpx}_l^{k,t},\cdots,\mathrm{gpx}_N^{k,t}) \tag{3.15}$$

另外，普通粒子的速度表示优化问题的解 $\mathrm{pX}_i^{k,t}$ 可能变化的方向。在第 $k$ 个环境下，第 $t$ 次迭代中的第 $i$ 个普通粒子的速度表示为 $\mathrm{pV}_i^{k,t} = (\mathrm{pv}_{i,1}^{k,t},\cdots,\mathrm{pv}_{i,l}^{k,t},\cdots,\mathrm{pv}_{i,N}^{k,t})$。

为了能够感知通信环境的变化，我们引入一种探测机制，它能够使粒子获得感知能力。这些粒子被称为敏感粒子。位置是所有敏感粒子唯一的元素。对于一个敏感粒子，有

$$\mathrm{spX}_j^t = (\mathrm{spx}_{j,1}^t,\cdots,\mathrm{spx}_{j,l}^t,\cdots,\mathrm{spx}_{j,N}^t),\quad j=1,2,\cdots,N_S \tag{3.16}$$

$$N_S = \varphi n \tag{3.17}$$

式中，$\mathrm{spX}_j^t$ 是第 $t$ 次迭代中的第 $j$ 个敏感粒子的位置；$N$ 是搜索空间，$N_S = \varphi n$ 是敏感粒子的数量；$\varphi$ 是一个正整数。

在计算每个敏感粒子在两次相邻迭代的适应度值的差 $\Delta f_j = |F(\mathrm{spX}_j^{t+1}) - F(\mathrm{spX}_j^t)|$ 之后，对这些差值在取绝对值之后求和 $\varPhi = \sum_{j=1}^{N_s} \Delta f_j$ 。通过比较整体的改变量 $\varPhi$ 和响应阈值 $\varPhi_{\mathrm{th}}$ 来判断通信环境是否发生改变。

### 3.3.3 功率分配

如果 $\varPhi < \varPhi_{\mathrm{th}}$ ，那么可以判定通信环境没有改变。在动态粒子群优化算法中，普通粒子的速度和位置的更新公式如下：

$$\mathrm{pv}_{i,l}^{k,t+1} = \omega \mathrm{pv}_{i,l}^{k,t} + c_1 \mathrm{rand}_l^1 (\mathrm{zpx}_{i,l}^{k,t} - \mathrm{px}_{i,l}^{k,t}) + c_2 \mathrm{rand}_l^2 (\mathrm{gpx}_l^{k,t} - \mathrm{px}_{i,l}^{k,t}) \tag{3.18}$$

$$\mathrm{px}_{i,l}^{k,t+1} = \mathrm{px}_{i,l}^{k,t} + \mathrm{pv}_{i,l}^{k,t+1} \tag{3.19}$$

式中

$$\omega = \omega_{\max} - \frac{\omega_{\max} - \omega_{\min}}{T} t \tag{3.20}$$

$\mathrm{pv}_{i,l}^{k,t}$ 是第 $k$ 个环境下、第 $t$ 次迭代中第 $i$ 个普通粒子在第 $l$ 维搜索空间中的速度；$\omega$ 是一个随算法迭代次数线性递减的惯性权重；$c_1$ 和 $c_2$ 是加速因子；$\mathrm{rand}_l^1$ 和 $\mathrm{rand}_l^2$ 是第 $l$ 维上，且属于 $[0,1]$ 的随机数；$\mathrm{zpx}_{i,l}^{k,t}$ 是第 $k$ 个环境下、第 $t$ 次迭代中第 $i$ 个普通粒子在第 $l$ 维搜索空间中搜索到的最优值；$\mathrm{gpx}_l^{k,t}$ 是第 $k$ 个环境下、第 $t$ 次迭代中整个种群在第 $l$ 维搜索空间中搜索到的最优值。

为了避免普通粒子盲目搜索，速度矢量和位置矢量在每一维的分量都被限制在一个规定的范围内，因此有

$$\mathrm{pv}_{i,l}^{k,t+1} = \begin{cases} \mathrm{pV}_l^{\max}, & \mathrm{pv}_{i,l}^{k,t+1} \geqslant \mathrm{pV}_l^{\max} \\ \mathrm{pV}_l^{\min}, & \mathrm{pv}_{i,l}^{k,t+1} \leqslant \mathrm{pV}_l^{\min} \end{cases} \tag{3.21}$$

$$\mathrm{px}_{i,l}^{k,t+1} = \begin{cases} \mathrm{pX}_l^{\max}, & \mathrm{px}_{i,l}^{k,t+1} \geqslant \mathrm{pX}_l^{\max} \\ \mathrm{pX}_l^{\min}, & \mathrm{px}_{i,l}^{k,t+1} \leqslant \mathrm{pX}_l^{\min} \end{cases} \tag{3.22}$$

式中，$\mathrm{pV}_l^{\min}$ 、$\mathrm{pV}_l^{\max}$ 、$\mathrm{pX}_l^{\min}$ 和 $\mathrm{pX}_l^{\max}$ 分别是第 $l$ 维的速度的最小值和最大值以及位置的最小值和最大值。

当敏感粒子探测到环境发生改变时，意味着$\Phi > \Phi_{\text{th}}$，那么第$k+1$个环境下，第$t$次迭代中的第$i$个普通粒子的位置和速度将被重新初始化。即

$$\begin{cases} \text{pX}_i^{k+1,t} = \text{pX}_i^{\max}\text{rand}(1,N) \\ \text{pV}_i^{k+1,t} = \text{pV}_i^{\max}\text{rand}(1,N) \end{cases}, \quad i = 1,2,\cdots,\frac{n}{\lambda} \tag{3.23}$$

式中，$\lambda$是一个正整数。在种群演化过程中，第$i$个普通粒子的速度$\text{pv}_{i,l}^{k+1,t}$和位置$\text{px}_{i,l}^{k+1,t}$通过式（3.24）和式（3.25）进行更新：

$$\text{pv}_{i,l}^{k+1,t+1} = \omega\text{pv}_{i,l}^{k+1,t} + c_1\text{rand}_l^1(\text{zpx}_{i,l}^{k+1,t} - \text{px}_{i,l}^{k+1,t}) + c_2\text{rand}_l^2(\text{gpx}_l^{k+1,t} - \text{px}_{i,l}^{k+1,t}) \tag{3.24}$$

$$\text{px}_{i,l}^{k+1,t+1} = \text{px}_{i,l}^{k+1,t} + \text{pv}_{i,l}^{k+1,t+1} \tag{3.25}$$

最后，上述基于动态粒子群优化算法的传输功率控制算法总结如下。

（1）初始化：设$H_{lm} > 0$，$p_l(0) > 0$，$P_m^{\text{th}} > 0$，$I_l > 0$，$\gamma_l(0) > 0$，$\gamma_l^{\text{th}} > 0$，$I^i > 0$，$\Phi_{\text{th}} > 0$。

（2）根据$\Delta f_j = |F(\text{spX}_j^{t+1}) - F(\text{spX}_j^t)|$、$\Phi = \sum_{j=1}^{N_s}\Delta f_j$计算$\Phi$。

（3）比较$\Phi$与$\Phi_{\text{th}}$：如果$\Phi < \Phi_{\text{th}}$，根据式（3.18）和式（3.19）更新$\text{pv}_{i,l}^{k,t}$和$\text{px}_{i,l}^{k,t}$；如果$\Phi \geqslant \Phi_{\text{th}}$，则根据式（3.24）和式（3.25）更新$\text{pv}_{i,l}^{k+1,t}$和$\text{px}_{i,l}^{k+1,t}$。

（4）根据式（3.11）计算适应度值。

（5）检查收敛性：如果传输功率$\text{px}_{i,l}^t$满足$\|\text{px}_{i,l}^{t+1} - \text{px}_{i,l}^t\| < \xi$（$\xi$是容错因子），停止迭代；否则，转步骤（2）。

## 3.4　仿真实验与结果分析

本节利用计算机数字仿真实验，在动态通信环境下，对所提出的动态粒子群优化算法与粒子群优化算法[5]和混沌粒子群优化算法[6]的仿真结果进行比较。

假设在下垫式频谱共享网络中同时容纳了一个主用户和三个次用户。即$M = 1$，$N = 3$。每个次用户发射机的传输功率不超过1mW。主用户的接收机所

能够允许的最大干扰不超过1mW 。每个次用户的接收机的信噪比不低于1dB 。所有次用户的接收机所接收到的背景噪声均为0～0.05mW 。$H_{lm}$、$\mu_{ll}$和$\mu_{l\alpha}$分别是取自于[0,1]、[0,0.1]和[0,1]中的随机数。正整数$\varphi=5$，$\lambda=2$。响应的阈值$\Phi_{\text{th}}=0.1$。信道参数分别在第 10 次、第 40 次、第 60 次、第 90 次和第 100 次迭代时发生改变。动态环境下得到的仿真结果见图 3.1～图 3.4。

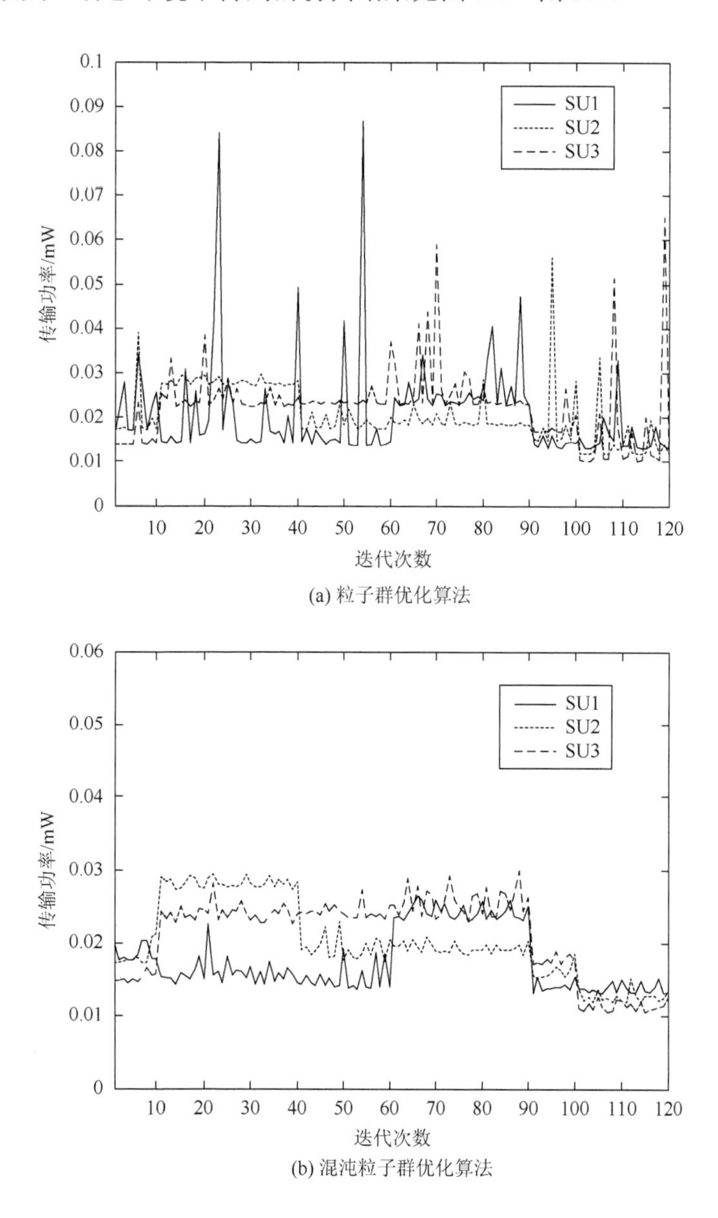


(a) 粒子群优化算法



(b) 混沌粒子群优化算法

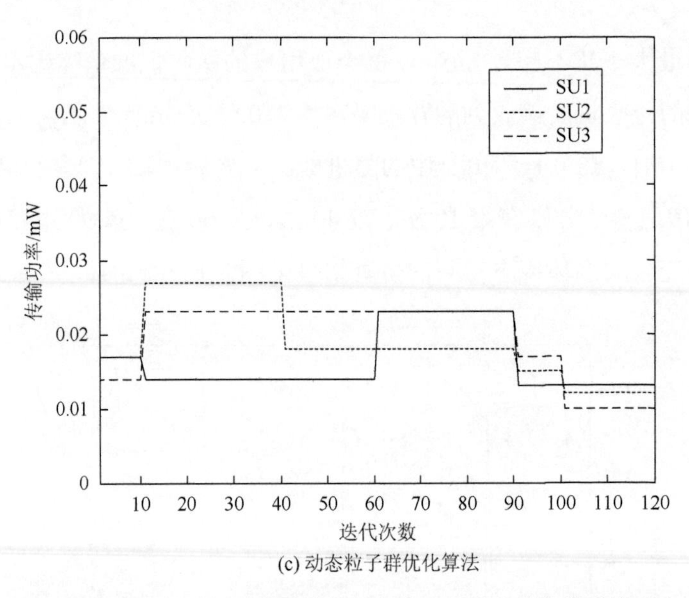


(c) 动态粒子群优化算法

图 3.1　动态环境下三种算法获得的每个次用户发射机的传输功率

从图 3.1 可以看出，由三种算法获得的次用户发射机的传输功率都满足约束条件式（3.9）。通过比较图 3.1（a）～图 3.1（c）不难发现，由动态粒子群优化算法求得的每个次用户发射机的传输功率低于粒子群优化算法和混沌粒子群优化算法所求得的传输功率。并且动态粒子群优化算法能够准确地感知到环境的变化，迅速达到平衡。因此，在动态环境下，动态粒子群优化算法可以获得最小的次用户传输功率，如图 3.2 所示。

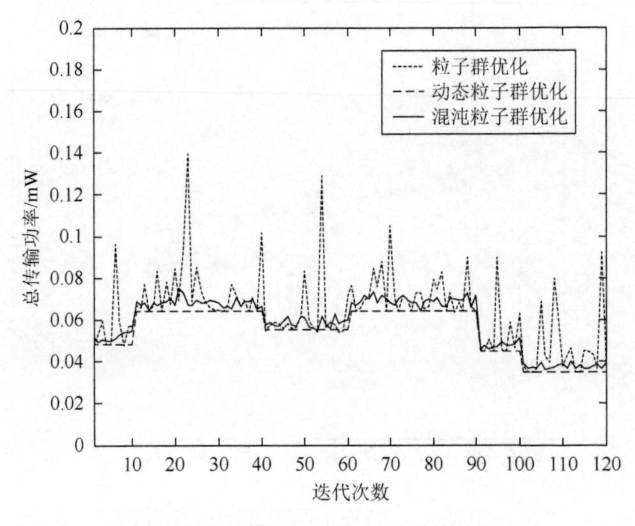


图 3.2　动态环境下次用户的总传输功率

从图 3.3 可看出，由粒子群优化算法、混沌粒子群优化算法和动态粒子群优化算法所获得的信噪比都高于最小信噪比约束条件。但是，相比由动态粒子群优化算法所得的结果，由粒子群优化算法和混沌粒子群优化算法得到的结果更加混乱无序，很难寻找到平衡点，通信质量不稳定。

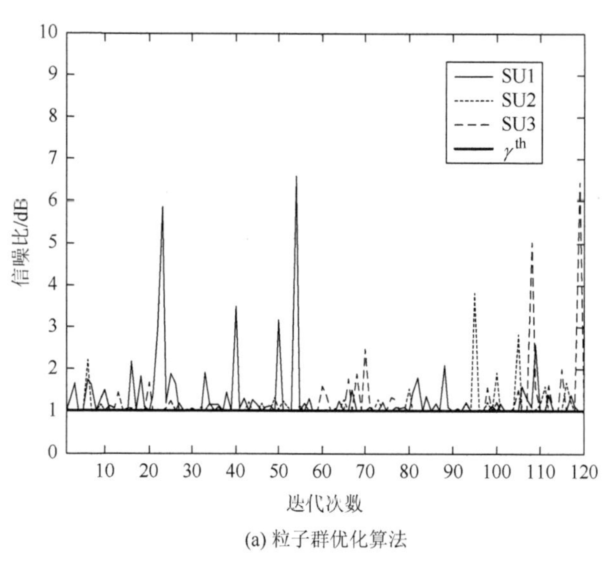


(a) 粒子群优化算法

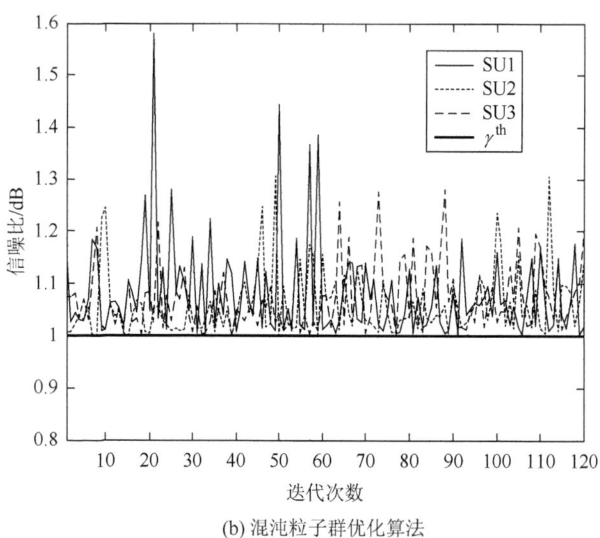


(b) 混沌粒子群优化算法

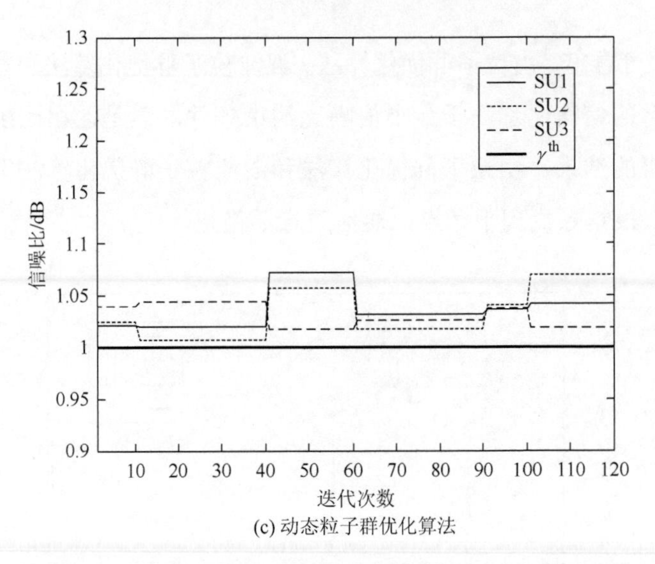


(c) 动态粒子群优化算法

图 3.3　动态环境下的三种算法获得的每个次用户的信噪比

图 3.4 给出了三种算法得到的对主用户的总干扰值。相比于粒子群优化算法和混沌粒子群优化算法，动态粒子群优化算法得到的认知用户对主用户的总干扰最小。这表明，粒子群优化算法和混沌粒子群优化算法在解决动态多峰值问题时容易陷入局部最优。总而言之，动态粒子群优化算法拥有最快的收敛速度，同时能够准确地发现全局鲁棒最优解。

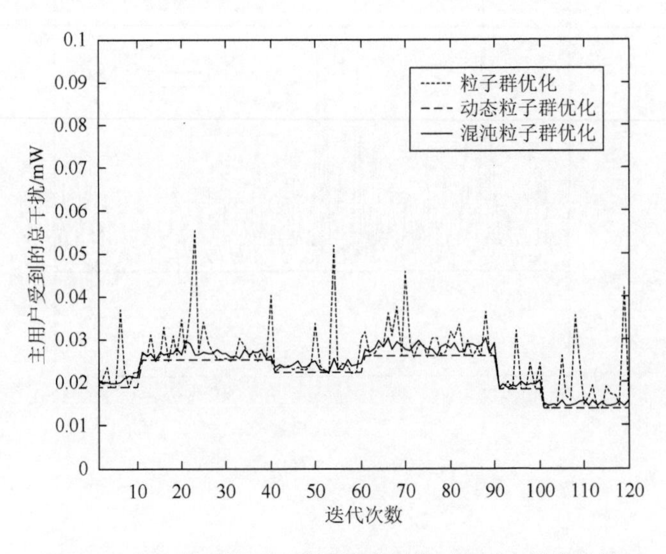


图 3.4　在动态环境下三种算法获得的对主用户的总干扰

为了对动态环境下系统的性能进行仿真实验，我们假设在第 40 次环境迭代时一个新的主用户进入了网络，这会直接导致对其他次用户的干扰增大。而在第 60 次环境迭代时，一个主用户离开了网络。到了第 90 次环境迭代时，又有两个新的主用户进入了网络。仿真结果见图 3.5～图 3.7。

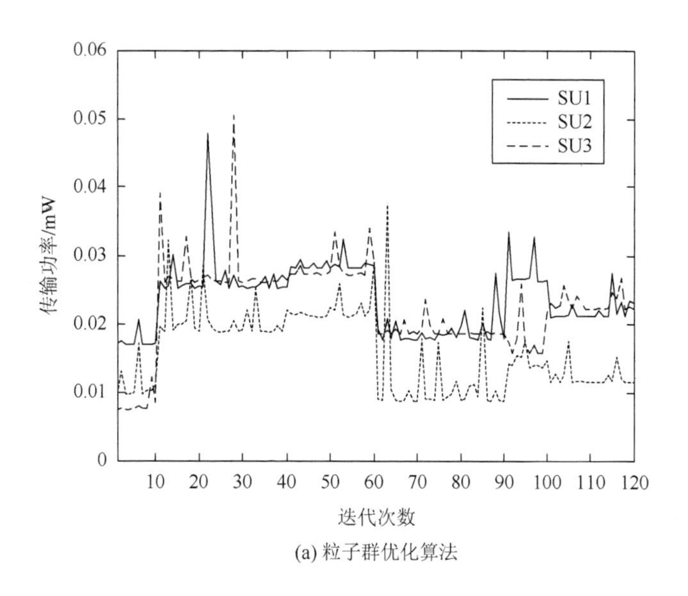

(a) 粒子群优化算法

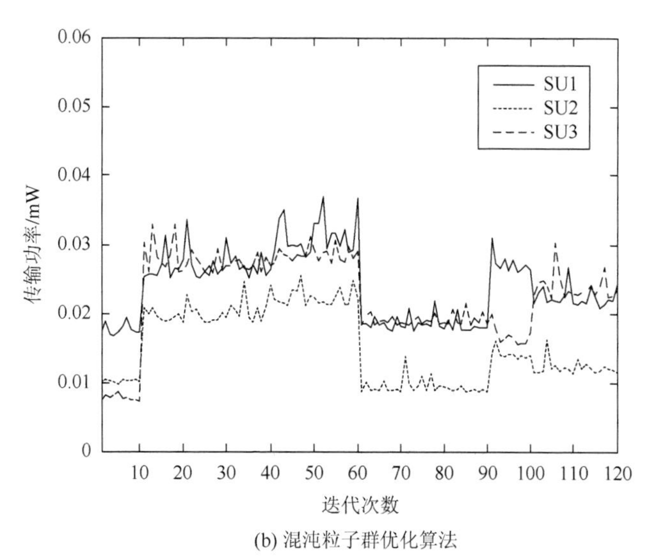

(b) 混沌粒子群优化算法

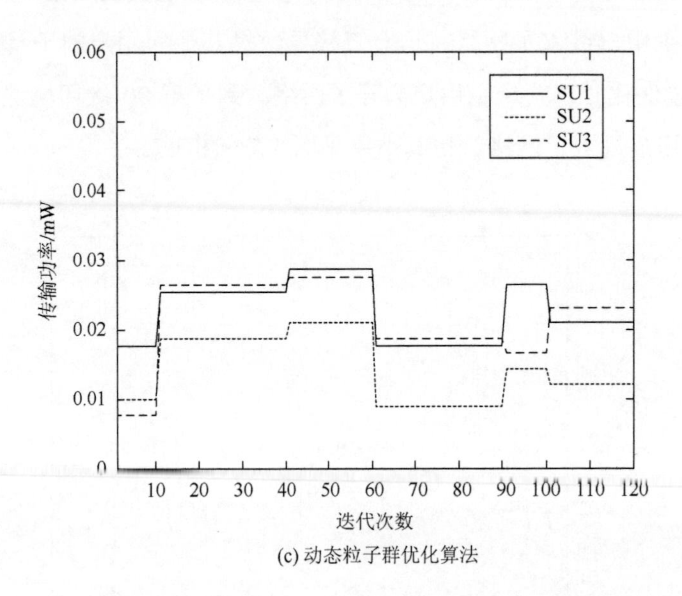


(c) 动态粒子群优化算法

图 3.5　在主用户数量改变情况下，三种算法获得的每个次用户的传输功率

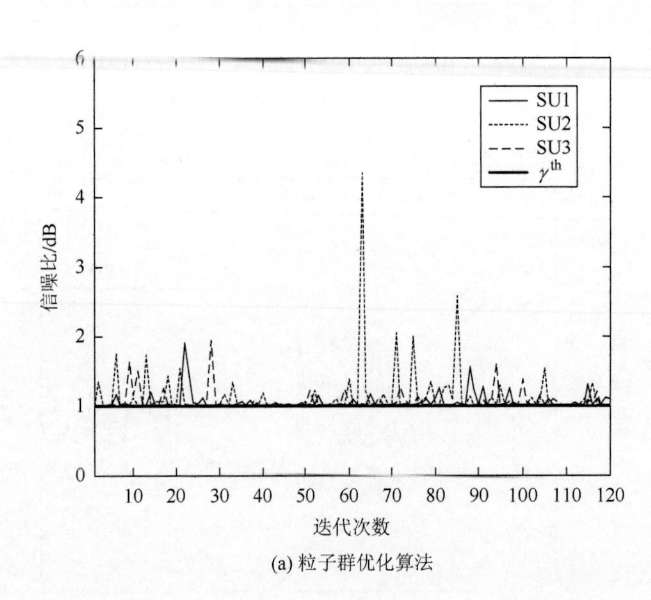


(a) 粒子群优化算法

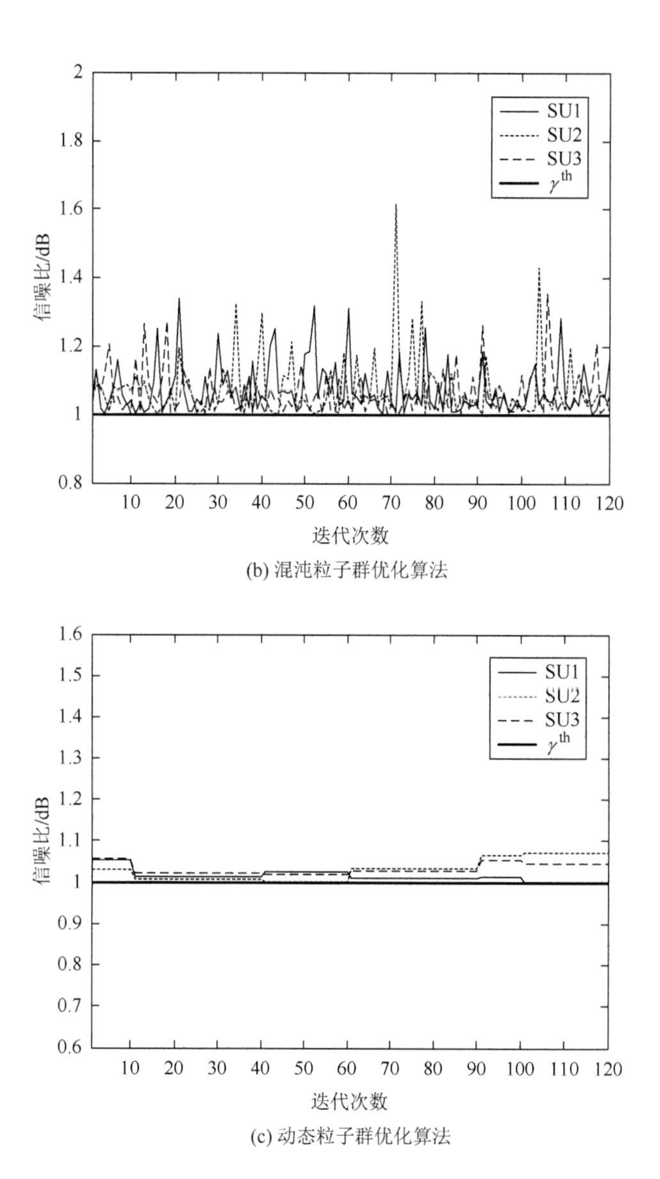


(b) 混沌粒子群优化算法

(c) 动态粒子群优化算法

图 3.6　主用户数量改变的情况下，由三种算法获得的每个次用户的信噪比

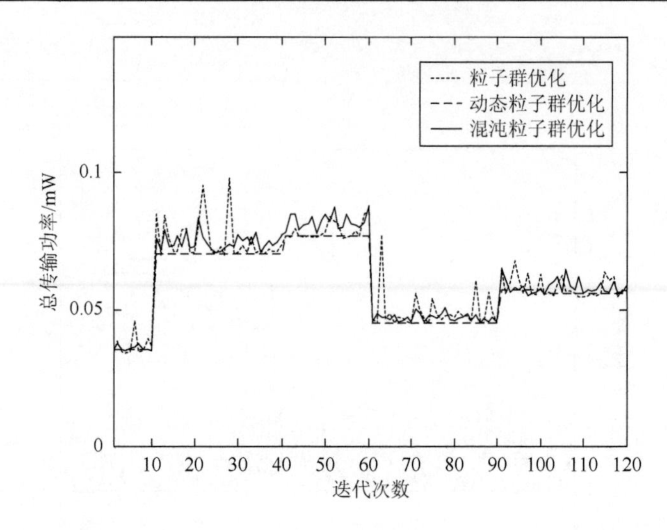


图 3.7　主用户数量改变的情况下，三种算法求得的次用户的总传输功率

图 3.5 给出了三种算法在不同主用户进入网络和离开网络时，分别获得的每个次用户发射机的传输功率。可见所有的传输功率都低于模型给定的阈值。但是，动态粒子群优化算法的瞬时响应要明显优于其他两种算法。这意味着该算法在系统工作条件发生变化的情况下能够快速地适应不断变化的状态。当两个主用户接入网络时，由粒子群优化算法和混沌粒子群优化算法获得的次用户 1 的通话质量已经不能得到满足。但是，动态粒子群优化算法却能够解决这个问题，从而满足所有次用户的服务质量，如图 3.6 所示。

从图 3.7 可以得出以下结论，本章提出的动态粒子群优化算法拥有更快的收敛速度。相较于粒子群优化算法和混沌粒子群优化算法，动态粒子群优化算法能够在多变的通信环境中计算出最优次用户的传输功率，进而使每个次用户保持最佳通信性能。

## 3.5　小　　结

本章在介绍动态粒子群优化的基本原理的基础上，提出了在多变的信道环境以及多变的系统参数的情况下，应用动态粒子群优化算法解决基于下垫式认知无线电网络的多主用户和多次用户传输功率控制问题。计算机数字仿真实验结果显示，动态粒子群优化算法能够满足主用户和次用户的通信需求。在保证认知无线电网络稳定性的同时，实现了最小化次用户的传输功率的目的。

## 参考文献


[1] 杨金星，高月红，杨大成. 认知无线电中的频谱共享技术[J]. 现代电信科技，2011，41（7）：33-36.

[2] 潘峰，李位星，高琪. 动态多目标粒子群算法及应用[M]. 北京：北京理工大学出版社，2014：29-80.

[3] Huynh D C，Dunnigan M W. Parameter estimation of an induction machine using a dynamic particle swarm optimization algorithm[C]. IEEE International Symposium on Industrial Electronics（ISIE），Bari，2010：1414-1419.

[4] Huynh D C，Nguyen T N，Dunnigan M W，et al. Dynamic particle swarm optimization algorithm based maximum power point tracking of solar photovoltaic panels[C]. 2013 IEEE International Symposium on Industrial Electronics，Taibei，2013：1-6.

[5] Xu S Q，Zhang Q Y，Lin W. PSO-based OFDM adaptive power and bit allocation for multiuser cognitive radio system[C]. 5th International Conference on Wireless Communications，Networking and Mobile Computing，Beijing，2009：1-4.

[6] Chuang L Y，Hsiao C J，Yang C H. Chaotic particle swarm optimization for data clustering[J]. Expert Systems with Applications，2011，38（12）：14555-14563.

[7] Islam H，Liang Y C，Hoang A T. Joint beamforming and power control in the downlink of cognitive radio networks[C]. IEEE Wireless Communications and Networking Conference，Kowloon，2007：21-26.

[8] Rosenberg E. Exact penalty functions and stability in locally Lipschitz programming[J]. Mathematical Programming，1984，30（3）：340-356.

# 第 4 章　基于改进人工鱼群的功率控制算法

## 4.1　概　　述

人工鱼群算法（artificial fish swarm algorithm，AFSA）是 Li 等于 2002 年提出的一类基于鱼群行为的群体智能优化算法[1]。它也是一个广义的邻域搜索算法，具有全局优化和并行执行能力，同时具有较强的适应性和通用性。除此之外，它还可以通过调节参数来设计高效率的系统。目前，人工鱼群算法已经成功应用在检测血小板[2]、鲁棒比例微分积分（proportional integral differentiation，PID）控制器参数的调整[3]、光纤陀螺仪的校准问题[4]和前馈神经网络[5]等方面。本章应用该算法来解决下垫式认知无线电网络中每一个认知用户的功率控制问题。

在认知无线电系统中，传统的功率控制算法都主要考虑主用户的干扰温度[6]约束，以保证主用户的基本通信质量。其实，我们还可以为主用户提供更好的通信服务，同时保证次用户的通信质量，减少次用户对主用户的干扰。本章就是基于这一目标，考虑次用户的信噪比高于最小信噪比阈值，且其发射功率不超过装置的额定功率，然后应用人工鱼群算法获得传输功率分配的最佳方案。

此外，为了更好地适应真实的动态通信环境，提高主、次用户的服务质量，弥补人工鱼群算法中盲目搜索的不足，本章提出了基于环境生存机制的改进人工鱼群算法（improved artificial fish swarm algorithm，IAFSA）。最后，通过计算机数字仿真实验将所提出的算法与粒子群优化算法[7]、混沌粒子群优化算法[8]进行比较。

## 4.2　人工鱼群算法

人工鱼（artificial fish，AF）是仿照真实鱼的一个虚拟实体[8]。准确来讲，它是承载了自身数据和一些行为的实体，然后通过视觉来接收环境的刺激信息，并通过控制尾鳍来做出相应的应激活动[9]。人工鱼有觅食、聚群、追尾和随机四种行为。这四种行为会根据不同的环境进行不同的转换，人工鱼通过对其行为的评价、选择，然后执行一种当前最优的行为，来达到寻找最优环境即食物浓度最高位置的目的，这是鱼类的生存习惯。

人工鱼群算法采用面对对象的技术重构人工鱼模型，用数学语言描述人工鱼，可把人工鱼分成变量和函数两部分。变量部分包括人工鱼的数量 $N$、人工鱼的个体的状态 $X=(x_1,x_2,\cdots,x_n)$、视野 Visual、尝试次数 Try_number、拥挤度因子 $\delta$、人工鱼个体 $i$ 与 $j$ 之间的距离 $d_{i,j}=|X_i-X_j|$。

函数部分包括人工鱼当前所在位置的食物浓度 $Y=f(X)$（$Y$ 为目标函数值）、人工鱼的各种行为函数，包括觅食行为 Prey()、聚群行为 Swarm()、追尾行为 Follow()、随机行为 Rand() 以及行为评价函数 Evaluate()。通过这种封装，人工鱼就可以被其余伙伴感知。

在寻优过程中，人工鱼通过 Visual 来确定视野范围和步长大小。当在视野范围内寻找到比现在食物浓度高的位置时，人工鱼将在那个位置的方向上移动一步：

$$X_{\text{next}}=X+\frac{X_V-X}{\|X_V-X\|}\cdot\text{Step}\cdot\text{rand}() \tag{4.1}$$

式中，$X$ 是当前寻优的人工鱼；$X_V$ 是在当前人工鱼 $X$ 的 Visual 内寻找到的下一点；Step 是人工鱼的步长；rand() 是 0～1 的随机数。

## 4.3　功率控制算法

### 4.3.1　系统模型

本章考虑一种没有任何中央控制节点的下垫式认知网络，它含有 $K$ 个次用户收发机和 $M$ 个主用户收发机。换言之，次用户与主用户可以在相同的一段频谱上共同通信。

为了满足次用户的服务质量（quality of service，QoS），每一个次用户接收机（secondary user receiver，SU-Rx）的信噪比不应该低于它所允许最低的信噪比阈值，如下：

$$\gamma_{\text{th}}^{i} \leqslant \gamma^{i}, \quad \forall i \in \{1, 2, \cdots, K\} \tag{4.2}$$

式中，$\gamma_{\text{th}}^{i} > 0$ 是链路 $i$ 上 SU-Rx 所要求的最小信噪比；$\gamma^{i}$ 是链路 $i$ 上 SU-Rx 的实际信噪比[10]。$\gamma^{i}$ 的具体表达式如下：

$$\gamma^{i} = \frac{p^{i} G^{ii}}{N^{i} + I^{i}} \tag{4.3}$$

式中，$p^{i}$ 是链路 $i$ 上次用户发射机（secondary user transmitter，SU-Tx）的传输功率；$G^{ii}$ 是链路 $i$ 上 SU-Tx 到 SU-Rx 的直接信道增益；$N^{i}$ 是所有主用户发射机（primary user transmitters，PU-Tx）到链路 $i$ 上活跃的 SU-Rx 的干扰与链路 $i$ 上 SU-Rx 的背景噪声之和；$I^{i}$ 是其他的 SU-Rx 到链路 $i$ 上当前 SU-Rx 的所有干扰功率之和，它的定义如下：

$$I^{i} = \sum_{j \neq i}^{K} G^{ji} p^{j} \tag{4.4}$$

其中，$G^{ji}$ 是从链路 $j$ 上 SU-Tx 到链路 $i$ 上 SU-Rx 的干扰增益；$p^{j}$ 是链路 $j$ 上的 SU-Tx 的传输功率。

在每个次用户的发射端上，传输功率都不应超过它本身装置的功率预算。因此：

$$0 \leqslant p^{i} \leqslant p_{\max}^{i} \tag{4.5}$$

式中，$p_{\max}^{i}$ 是次用户 $i$ 最大的传输功率。

为了不影响主用户的通信质量，主用户受到来自次用户的总干扰不应超过主用户所能承受的最大干扰功率。因此我们的目标是最小化所有次用户对主用户的总干扰，与此同时满足约束条件式（4.2）和式（4.5）。因此功率最优化问题可以表述为

$$\min \sum_{i=1}^{K} p^i h^{i\tau}, \quad \tau \in \{1,2,\cdots,2M\}$$
$$\text{s.t.} \begin{cases} \gamma_{\text{th}}^i \leqslant \gamma^i \\ 0 \leqslant p^i \leqslant p_{\max}^i \end{cases} \tag{4.6}$$

式中，$h^{i\tau}$ 是链路 $i$ 上 SU-Tx 和链路 $\tau$ 上 PU-Rx 之间的信道增益。显而易见，式（4.6）是一个非凸优化问题。

### 4.3.2　优化数学模型

在本章中，根据改进人工鱼群算法[1]和惩罚函数理论[11]，我们知道每条人工鱼的特征可以由适应度函数、位置、视野和行为这四个方面[12]描述。式（4.6）可以转化成如下适应度函数：

$$S(p^1,\cdots,p^i,\cdots,p^K)=\begin{cases} s(p^1,\cdots,p^i,\cdots,p^K),\ \gamma_{\text{th}}^i-\gamma^i \leqslant 0,\ p^i-p_{\max}^i \leqslant 0,\ i,j\in K \\ s_{\max}+\sum_{i=1}^{k}\left\|p^i-p_{\max}^i\right\|+\sum_{i=1}^{k}\left\|\gamma_{\text{th}}^i-\gamma^i\right\|+\varepsilon \end{cases} \tag{4.7}$$

式中

$$s(p^1,\cdots,p^i,\cdots,p^K)=\sum_i p^i h^{i\tau} \tag{4.8}$$

代表适应度值和人工鱼的食物浓度。当人工鱼的食物浓度最低，就可以获得来自所有次用户发射机最小的干扰，也就是 $\min s(p^1,\cdots,p^i,\cdots,p^K)$。当人工鱼的食物浓度最高时，就获得了来自所有次用户发射机的最大干扰，也就是 $s_{\max}$。$K$ 是次用户的数量，代表每一条人工鱼的 $K$ 维搜索空间。$\|\ \|$ 是一个非负值的符号。当在 $\|\ \|$ 中的值是正数时，它的输出也是正数。如果是负数时，它输出零。为了使人工鱼快速寻找到可行域，惩罚因子 $\varepsilon$ 是可变的。

除此之外，人工鱼 $l$ 的位置可以表示为 $\text{xp}^l=(\text{xp}^{l,1},\cdots,\text{xp}^{l,i},\cdots,\text{xp}^{l,K})$。$\text{xp}^{l,i}$ 代表目标函数式（4.7）的解，也代表链路 $i$ 上次用户发射机的传输功率。因此，人工鱼 $l$ 的适应度函数可以用如下表达式表示：

$$S(\mathrm{xp}^{l,1},\cdots,\mathrm{xp}^{l,i},\cdots,\mathrm{xp}^{l,K})=\begin{cases}s(\mathrm{xp}^{l,1},\cdots,\mathrm{xp}^{l,i},\cdots,\mathrm{xp}^{l,K}),\ \gamma_{\mathrm{th}}^{l,i}-\gamma^{l,i}\leqslant 0,\ \mathrm{xp}^{l,i}-\mathrm{xp}_{\max}^{l,i}\leqslant 0\\ \gamma^{l,i}=\dfrac{\mathrm{xp}^{l,i}g^{ii}}{\sum\limits_{j\neq i}\mathrm{xp}^{l,j}g^{ji}+\sigma_i},\ j\in\{1,2,\cdots,K\},\ l\in\forall\lambda\\ \sum\limits_{i=1}^{K}\left\|p^i-p_{\max}^i\right\|+\sum\limits_{i=1}^{K}\left\|\gamma_{\mathrm{th}}^i-\gamma^i\right\|+\varepsilon\end{cases}\tag{4.9}$$

式中，$\lambda$是人工鱼的数量。

### 4.3.3 功率分配

1. 人工鱼群算法的功率分配

在最优适应度解的搜索过程中，每一条人工鱼在其视野范围内都可以随机选择一个位置。它可以用如下方程描述：

$$\mathrm{xp}_{\phi}^{l,i}=\mathrm{xp}_{\varphi}^{l,i}+\mathrm{rand}()v_1\tag{4.10}$$

式中，$\mathrm{xp}_{\varphi}^{l,i}$表示人工鱼$l$在第$i$维搜索空间的第$\phi$种状态；$v_1$是当前人工鱼的固定视野；rand()是0～1的随机函数。

$s_{\varphi}^{l}=s_{\varphi}(\mathrm{xp}^{l,1},\cdots,\mathrm{xp}^{l,i},\cdots,\mathrm{xp}^{l,K})$和$s_{\phi}^{l}=s_{\phi}(\mathrm{xp}^{l,1},\cdots,\mathrm{xp}^{l,i},\cdots,\mathrm{xp}^{l,K})$分别代表人工鱼$l$在当前位置$\varphi$和感知下一个位置$\phi$的食物浓度。

如果$s_{\varphi}^{l}>s_{\phi}^{l}$，人工鱼$l$就会执行觅食行为，它从$\mathrm{xp}_{\varphi}^{l,i}$到$\mathrm{xp}_{\phi}^{l,i}$的方向移动一步。人工鱼的觅食行为是改进人工鱼群算法收敛的基础。这个觅食行为的执行过程可以描述为如下数学表达式：

$$\mathrm{xp}_{t+1,\mathrm{pr}(\varphi+1)}^{l,i}=\mathrm{xp}_{t,\varphi}^{l,i}+\frac{\mathrm{xp}_{\phi}^{l,i}-\mathrm{xp}_{t,\varphi}^{l,i}}{\left\|\mathrm{xp}_{\phi}^{l,i}-\mathrm{xp}_{t,\varphi}^{l,i}\right\|}\mathrm{rand}()\kappa_1\tag{4.11}$$

式中，$\mathrm{xp}_{t+1,\mathrm{pr}(\varphi+1)}^{l,i}$是人工鱼$l$在执行觅食行为后第$t+1$次迭代时第$i$维上的第

$\varphi+1$ 个状态；$\mathrm{xp}_{t,\varphi}^{l,i}$ 是人工鱼 $l$ 在第 $t$ 次迭代时第 $i$ 维上的第 $\varphi$ 个状态；$\kappa_1$ 是人工鱼在固定视野中的步长。

$$\kappa_1=\xi v_1 \tag{4.12}$$

式中，$\xi$ 是步长因子。

对于固定视野的人工鱼 $l$，当它寻找到人工鱼 $m\in\forall\lambda$ 时，发现这个位置具有较低的食物浓度并且在人工鱼 $m$ 周围并不拥挤。此时还满足 $\delta s_{\phi}^{l}>\dfrac{s_{\varphi}^{m}}{\lambda_f}$ 这个条件，人工鱼 $l$ 将执行追尾行为，这个行为可以提高改进人工鱼群算法的收敛速度和全局稳定性。执行人工鱼追尾行为的过程中，人工鱼在 $\mathrm{xp}_{\varphi}^{l,i}$ 到 $\mathrm{xp}_{\psi}^{m,i}$ 方向上移动一步，如下：

$$\mathrm{xp}_{t+1,\mathrm{fo}(\varphi+1)}^{l,i}=\mathrm{xp}_{t,\varphi}^{l,i}+\frac{\mathrm{xp}_{\psi}^{m,i}-\mathrm{xp}_{t,\varphi}^{l,i}}{\left\|\mathrm{xp}_{\varphi}^{m,i}-\mathrm{xp}_{t,\varphi}^{l,i}\right\|}\mathrm{rand}()\kappa_1 \tag{4.13}$$

式中，$\mathrm{xp}_{t+1,\mathrm{fo}(\varphi+1)}^{l,i}$ 是人工鱼 $l$ 在执行追尾行为后第 $t+1$ 次迭代时第 $i$ 维上的第 $\varphi+1$ 个状态。如果不满足 $\delta s_{\phi}^{l}>\dfrac{s_{\varphi}^{m}}{\lambda_f}$ 这个条件，人工鱼 $l$ 执行觅食行为。

在人工鱼 $l$ 为固定视野的基础上，人工鱼将探测中心位置的食物浓度和拥挤程度。比较中心位置的食物浓度和当前位置的食物浓度，若 $\delta s_{\phi}^{l}>\dfrac{s_{c}^{l}}{\lambda_f}$，人工鱼 $l$ 将执行聚群行为，它可以提高改进人工鱼群算法的收敛稳定性。在执行聚群行为中，人工鱼在 $\mathrm{xp}_{\varphi}^{l,i}$ 到 $\mathrm{xp}_{c}^{m,i}$ 方向上移动一步。它可以用如下表达式描述：

$$\mathrm{xp}_{t+1,\mathrm{sw}(\varphi+1)}^{l,i}=\mathrm{xp}_{t,\varphi}^{l,i}+\frac{\mathrm{xp}_{c}^{i}-\mathrm{xp}_{t,\varphi}^{l,i}}{\left\|\mathrm{xp}_{c}^{i}-\mathrm{xp}_{t,\varphi}^{l,i}\right\|}\mathrm{rand}()\kappa_1 \tag{4.14}$$

式中，$\mathrm{xp}_{t+1,\mathrm{sw}(\varphi+1)}^{l,i}$ 是人工鱼 $l$ 在执行聚群行为后第 $t+1$ 次迭代时第 $i$ 维上的第 $\varphi+1$ 个状态，否则执行觅食行为。

人工鱼 $l$ 通过判断是否符合上述情况来重新选择方向。当搜索次数超出系统设定的尝试次数时，还没有找到比当前位置优的位置，人工鱼 $l$ 就要执行随机行为，如下：

$$\mathrm{xp}_{t+1,\mathrm{ra}(\varphi+1)}^{l,i} = \mathrm{xp}_{t,\varphi}^{l,i} + \mathrm{rand}()\kappa_1 \tag{4.15}$$

式中，$\mathrm{xp}_{t+1,\mathrm{ra}(\varphi+1)}^{l,i}$ 是人工鱼 $l$ 在执行随机行为后第 $t+1$ 次迭代时第 $i$ 维上的第 $\varphi+1$ 个状态。随机行为的重要性能是有助于人工鱼跳出局部极值。

以上所提及的四种行为可以根据不同的条件相互转化。通过评价上述四种行为，人工鱼选择一种行为执行，那么人工鱼将会在最优的方向上移动最大的距离。

$$\mathrm{xp}_{t+1,s(\phi+1)}^{l,i} = \begin{cases} \mathrm{xp}_{t+1,\mathrm{pr}(\varphi+1)}^{l,i}, & \left\| \mathrm{xp}_{\phi}^{l,i} - \mathrm{xp}_{t+1,\mathrm{pr}(\varphi+1)}^{l,i} \right\| = a \\ \mathrm{xp}_{t+1,\mathrm{fo}(\varphi+1)}^{l,i}, & \left\| \mathrm{xp}_{\psi}^{m,i} - \mathrm{xp}_{t+1,\mathrm{fo}(\varphi+1)}^{l,i} \right\| = a \\ \mathrm{xp}_{t+1,\mathrm{sw}(\varphi+1)}^{l,i}, & \left\| \mathrm{xp}_{c}^{i} - \mathrm{xp}_{t+1,\mathrm{sw}(\varphi+1)}^{l,i} \right\| = a \\ \mathrm{xp}_{t+1,\mathrm{ra}(\varphi+1)}^{l,i}, & \left\| \mathrm{xp}_{\phi}^{l,i} - \mathrm{xp}_{t+1,\mathrm{ra}(\varphi+1)}^{l,i} \right\| = a \end{cases} \tag{4.16}$$

式中

$$\begin{aligned} a = \min\Big\{ & \left\| \mathrm{xp}_{\phi}^{l,i} - \mathrm{xp}_{t+1,\mathrm{pr}(\varphi+1)}^{l,i} \right\|, \left\| \mathrm{xp}_{\psi}^{m,i} - \mathrm{xp}_{t+1,\mathrm{fo}(\varphi+1)}^{l,i} \right\|, \\ & \left\| \mathrm{xp}_{c}^{i} - \mathrm{xp}_{t+1,\mathrm{sw}(\varphi+1)}^{l,i} \right\|, \left\| \mathrm{xp}_{\phi}^{l,i} - \mathrm{xp}_{t+1,\mathrm{ra}(\varphi+1)}^{l,i} \right\| \Big\} \end{aligned} \tag{4.17}$$

$a$ 是一个新的辅助变量；$\mathrm{xp}_{t+1,s(\phi+1)}^{l,i}$ 是人工鱼 $l$ 在执行四种行为之一后第 $t+1$ 次迭代时第 $i$ 维上的第 $\phi+1$ 个状态。

最终，在执行所有行为之后，引入公告板记录人工鱼 $l$ 的位置和该人工鱼位置的食物浓度值。在优化过程中，若当前人工鱼 $l$ 的位置的食物浓度值比公告板上的值优，则系统将当前人工鱼的位置值写入并更新公告板。于是人工鱼 $l$ 的寻优历史就被保存到公告板，它可以用如下公式描述：

$$\mathrm{xp}_{n,\mathrm{opt}}^{l,i} = \mathrm{xp}_{\mathrm{ub}}^{l,i} = \begin{cases} \mathrm{xp}_{b}^{l,i} = \mathrm{xp}_{n-1,s(\phi+1)}^{l,i}, & \mathrm{xp}_{b}^{l,i} \geqslant \mathrm{xp}_{n,s(\phi+1)}^{l,i} \\ \mathrm{xp}_{n,s(\phi+1)}^{l,i}, & \mathrm{xp}_{b}^{l,i} < \mathrm{xp}_{n,s(\phi+1)}^{l,i} \end{cases} \tag{4.18}$$

式中，$\mathrm{xp}_{n,\mathrm{opt}}^{l,i}$ 是人工鱼 $l$ 在第 $n$ 次迭代第 $i$ 维搜索空间上的最优位置；$\mathrm{xp}_{\mathrm{ub}}^{l,i}$ 是人工鱼在第 $n$ 次迭代第 $i$ 维搜索空间上公告板上所要更新的位置；$\mathrm{xp}_{b}^{l,i}$ 是人工鱼 $l$ 在第 $i$ 维搜索空间上公告板上的位置；$\mathrm{xp}_{n-1,s(\phi+1)}^{l,i}$ 是人工鱼 $l$ 在执行四种行为之一后第 $n-1$ 次迭代时第 $i$ 维上的第 $\phi+1$ 个状态；$\mathrm{xp}_{n,s(\phi+1)}^{l,i}$ 是人工鱼 $l$ 在执行四种行为之一后第 $n$ 次迭代时第 $i$ 维上的第 $\phi+1$ 个状态。

本章基于改进人工鱼群算法的功率控制算法的具体步骤如下。

（1）初始化：设定 $G^{ji}>0$，$p^{i}(0)>0$，$p_{\max}^{i}>0$，$\sigma^{i}>0$，$\gamma^{i}>0$，$\gamma_{\mathrm{th}}^{i}>0$，$h^{i\tau}>0$，$I^{i}>0$，$0\leqslant \mathrm{xp}^{l,i}\leqslant \mathrm{xp}_{\max}^{l,i}$，$\xi>0$，$v_1>0$，$v_2>0$，$\lambda>0$。

（2）通过式（4.9）计算适应度函数，并记录人工鱼的全局最优位置值。

（3）评价每条人工鱼，通过式（4.16）选择要执行的行为。

（4）执行选择的行为，通过式（4.11）～式（4.14）或式（4.15）更新人工鱼的位置。

（5）通过式（4.18）更新全局最优位置。若迭代次数小于预先设定的迭代次数，转到步骤（2）；否则转向步骤（6）。

（6）输出适应度函数的最优值。

## 2. 改进人工鱼群算法的功率分配

改进人工鱼群算法的主要思想是改变人工鱼的视野、人工鱼个体之间的距离，同时在觅食行为中引入环境的优胜劣汰机制。这样可以减少人工鱼群算法的运行时间，提高次用户的服务质量，更好地适应动态的通信环境。具体而言，当前人工鱼 $l$ 选择自适应视野 $v_2$，人工鱼个体之间的距离选择欧氏距离，那么当前人工鱼的下一个状态可以用式（4.19）描述：

$$\mathrm{xp}_{\phi}^{l,i}=\mathrm{xp}_{\varphi}^{l,i}+\mathrm{rand}()v_2 \tag{4.19}$$

式（4.19）说明人工鱼 $l$ 的下一个状态是随机选择的。此时人工鱼 $l$ 需要记住这个位置的所有信息。当搜索次数等于尝试次数时，人工鱼 $l$ 在它的记忆中挑选出最佳的位置信息，并向这个位置的方向移动一步，可以用式（4.20）来表示：

$$s_{\phi,\mathrm{opt}} = \min\{s_{\phi,1}, s_{\phi,2}, \cdots, s_{\phi,\mathrm{trynumber}}\} \tag{4.20}$$

如果 $s_{\phi,\mathrm{opt}}^{l} > s_{\varphi}^{l}$ 成立，那么人工鱼 $l$ 就会执行觅食行为并且它从 $\mathrm{xp}_{\varphi}^{l,i}$ 到 $\mathrm{xp}_{\phi}^{l,i}$ 的方向移动一步。它可以描述为如下数学表达式：

$$\mathrm{xp}_{t+1,\mathrm{pr}(\varphi+1)}^{l,i} = \mathrm{xp}_{t,\varphi}^{l,i} + \frac{\mathrm{xp}_{\phi}^{l,i} - \mathrm{xp}_{t,\varphi}^{l,i}}{\sqrt{\sum_{i=1}^{K}\left(\mathrm{xp}_{\phi}^{l,i} - \mathrm{xp}_{t,\varphi}^{l,i}\right)^2}} \mathrm{rand}()\kappa_2 \tag{4.21}$$

式中，$\kappa_2$ 是自适应视野时的人工鱼 $l$ 的步长。它的定义如下：

$$\kappa_2 = \xi v_2 \tag{4.22}$$

由于人工鱼个体之间选择的是欧氏距离，追尾和聚群行为改写成如下表达式：

$$\mathrm{xp}_{t+1,\mathrm{fo}(\varphi+1)}^{l,i} = \mathrm{xp}_{t,\varphi}^{l,i} + \frac{\mathrm{xp}_{\psi}^{m,i} - \mathrm{xp}_{t,\varphi}^{l,i}}{\sqrt{\sum_{i=1}^{N}\left(\mathrm{xp}_{\phi}^{l,i} - \mathrm{xp}_{t,\varphi}^{l,i}\right)^2}} \mathrm{rand}()\kappa_1 \tag{4.23}$$

$$\mathrm{xp}_{t+1,\mathrm{sw}(\varphi+1)}^{l,i} = \mathrm{xp}_{t,\varphi}^{l,i} + \frac{\mathrm{xp}_{c}^{i} - \mathrm{xp}_{t,\varphi}^{l,i}}{\sqrt{\sum_{i=1}^{N}\left(\mathrm{xp}_{c}^{i} - \mathrm{xp}_{t,\varphi}^{l,i}\right)^2}} \mathrm{rand}()\kappa_1 \tag{4.24}$$

当上述条件都不满足时，人工鱼 $l$ 就会执行随机行为。

评价的目的是检查与最低的食物浓度位置之间的最大距离，它被定义为

$$\mathrm{xp}_{t+1,s(\phi+1)}^{l,i} = \begin{cases} \mathrm{xp}_{t+1,\mathrm{pr}(\phi+1)}^{l,i}, \sqrt{\sum_{k=1}^{K}\left(\mathrm{xp}_{\phi}^{l,i} - \mathrm{xp}_{t+1,\mathrm{pr}(\phi+1)}^{l,i}\right)^2} = b \\ \mathrm{xp}_{t+1,\mathrm{fo}(\phi+1)}^{l,i}, \sqrt{\sum_{k=1}^{K}\left(\mathrm{xp}_{\phi}^{l,i} - \mathrm{xp}_{t+1,\mathrm{fo}(\phi+1)}^{l,i}\right)^2} = b \\ \mathrm{xp}_{t+1,\mathrm{sw}(\phi+1)}^{l,i}, \sqrt{\sum_{k=1}^{K}\left(\mathrm{xp}_{\phi}^{l,i} - \mathrm{xp}_{t+1,\mathrm{sw}(\phi+1)}^{l,i}\right)^2} = b \\ \mathrm{xp}_{t+1,\mathrm{ra}(\phi+1)}^{l,i}, \sqrt{\sum_{k=1}^{K}\left(\mathrm{xp}_{\phi}^{l,i} - \mathrm{xp}_{t+1,\mathrm{ra}(\phi+1)}^{l,i}\right)^2} = b \end{cases} \tag{4.25}$$

式中

$$b=\min\left\{\sqrt{\sum_{i=1}^{K}(\mathrm{xp}_{\phi}^{l,i}-\mathrm{xp}_{t+1,\mathrm{pr}(\varphi+1)}^{l,i})^{2}},\sqrt{\sum_{i=1}^{K}(\mathrm{xp}_{\phi}^{l,i}-\mathrm{xp}_{t+1,\mathrm{fo}(\varphi+1)}^{l,i})^{2}},\right.$$
$$\left.\sqrt{\sum_{i=1}^{K}(\mathrm{xp}_{\phi}^{l,i}-\mathrm{xp}_{t+1,\mathrm{sw}(\varphi+1)}^{l,i})^{2}},\sqrt{\sum_{i=1}^{K}(\mathrm{xp}_{\phi}^{l,i}-\mathrm{xp}_{t+1,\mathrm{ra}(\varphi+1)}^{l,i})^{2}}\right\} \tag{4.26}$$

是个辅助变量。

最后，在公告板上记录人工鱼的最优位置和该位置食物浓度的信息。它同样可以用式（4.18）表示。

然而，上述行为带来了一个执行时间长的问题。为了解决这个问题，我们首先引入了式（4.27）这个条件：

$$\sqrt{(s(\mathrm{xp}_{n}^{1})-s_{n-1,\mathrm{opt}})^{2}+\cdots+(s(\mathrm{xp}_{n}^{l})-s_{n-1,\mathrm{opt}})^{2}+\cdots+(s(\mathrm{xp}_{n}^{\lambda})-s_{n-1,\mathrm{opt}})^{2}}>0.005 \tag{4.27}$$

其次，在一定的迭代次数引入优胜劣汰的环境机制。即在每次迭代时，人工鱼的最优食物浓度将被删除，直到最后只剩一条人工鱼为止，即我们所要找的最低食物浓度的位置也是对主用户干扰的最小功率位置：

$$s_{e}(\mathrm{xp})=\max\{s(\mathrm{xp}_{n}^{1}),\cdots,s(\mathrm{xp}_{n}^{l}),\cdots,s(\mathrm{xp}_{n}^{\lambda})\} \tag{4.28}$$

$$s_{n,\mathrm{opt}}=\min\{s(\mathrm{xp}_{n}^{1}),\cdots,s(\mathrm{xp}_{n}^{l}),\cdots,s(\mathrm{xp}_{n}^{\lambda-1})\} \tag{4.29}$$

式中，$s_{n,\mathrm{opt}}$ 是所有人工鱼在第 $n$ 次迭代时的最优食物浓度。

最后，在公告板上记录人工鱼 $l$ 的最优位置：

$$\mathrm{xp}_{n,\mathrm{opt}}^{l,i}=\mathrm{xp}_{\mathrm{ub}}^{l,i}=\begin{cases}\mathrm{xp}_{b}^{l,i}=\mathrm{xp}_{n-1,s(\phi+1)}^{l,i}, & \mathrm{xp}_{b}^{l,i}\geqslant\mathrm{xp}_{n,s(\phi+1)}^{l,i}\\ \mathrm{xp}_{n,s(\phi+1)}^{l,i}, & \mathrm{xp}_{b}^{l,i}<\mathrm{xp}_{n,s(\phi+1)}^{l,i}\end{cases},\quad l\in\{1,2,\cdots,\lambda-1\} \tag{4.30}$$

这个改进人工鱼群算法的具体步骤如下。

（1）初始化：设定 $G^{ji}>0$，$p^i(0)>0$，$p_{\max}^i>0$，$\sigma^i>0$，$\gamma^i>0$，$\gamma_{\text{th}}^i>0$，$h^{i\tau}>0$，$I^i>0$，$0\leqslant \text{xp}^{l,i}\leqslant \text{xp}_{\max}^{l,i}$，$\xi>0$，$v_1>0$，$v_2>0$，$\lambda>0$。

（2）通过式（4.9）计算适应度函数，并记录人工鱼的全局最优位置值。

（3）评价每条人工鱼，通过式（4.25）选择要执行的行为。

（4）执行选择的行为，通过式（4.19）、式（4.21）、式（4.23）或式（4.24）更新人工鱼的位置。

（5）通过式（4.30）更新全局最优位置，然后人工鱼的数量减 1。如果满足式（4.27）的条件，转到步骤（2）；否则转向步骤（6）。

（6）输出适应度函数的最优值。

## 4.4　仿真实验与结果分析

本节用几组计算机数字仿真结果来验证前面的理论分析和讨论。同时，在保证次用户服务质量和次用户对主用户的干扰最小的情况下，比较粒子群优化算法、混沌粒子群优化算法、人工鱼群算法和改进人工鱼群算法的性能。

在下垫式频谱共享网络中，次用户初始传输功率为 $p^i(0)=10^{-3}\times \text{rand}(K,1)\text{mW}$，次用户对主用户的干扰增益是在区间(0, 1)内的随机取值。背景噪声 $\sigma^i$ 和干扰增益 $G^{ji}$ 分别从区间 $[0,0.1/(K-1)]$ 和区间 $[0,1/(K-1)]$ 随机取值。每个次用户最大允许传输功率是 $p_{\max}^i=1\text{mW}$，每个次用户最小信噪比门限值为 $\gamma_{\text{th}}^j=[1,1,1]\text{dB}$。在改进人工鱼群算法和人工鱼群算法中，人工鱼的数量为 20，步长因子 $\xi$ 为 0.1；在粒子群优化算法和混沌粒子群优化算法中，粒子的数量为 20，迭代次数为 50 次。在改进人工鱼群算法中，选择 6 种视野，并通过表 4.1 对各种视野下的运行时间进行了比较。其中 Co、Coda、Seco、Seda、Daco 和 Da 分别代表固定视野、固定衰减视野、固定自适应视野、自适应衰减视野、衰减固定视野和衰减视野。

**表 4.1　不同视野的运行时间**　（单位：s）

| 不同视野 | 1 | 2 | 3 | 4 | 5 | 6 | 7 | 8 | 平均 |
|---|---|---|---|---|---|---|---|---|---|
| Co | 17.986 | 17.335 | 17.003 | 16.589 | 17.226 | 17.714 | 18.153 | 18.606 | 17.5765 |
| Coda | 16.85 | 17.239 | 17.628 | 16.871 | 17.687 | 16.36 | 16.703 | 16.595 | 16.99163 |
| Seco | 16.94 | 18.494 | 18.73 | 17.74 | 18.153 | 18.31 | 17.482 | 17.726 | 17.94688 |
| Seda | 16.8 | 17.052 | 17.187 | 16.677 | 16.315 | 16.088 | 15.96 | 17.662 | 16.71763 |
| Daco | 18.799 | 18.808 | 17.458 | 17.738 | 17.965 | 17.526 | 18.242 | 19.009 | 18.19313 |
| Da | 19.55 | 17.516 | 22.016 | 18.785 | 20.315 | 20.843 | 21.395 | 20.113 | 20.06663 |

由图 4.1 可清楚地看到衰减固定视野和衰减视野总是可以得到局部最优解，但是其他四种视野可以得到全局最优解。通过比较其他四种视野在表 4.1 的执行时间，可以发现自适应衰减视野的平均运行时间最短。因此在觅食行为中，我们选择自适应衰减视野来大幅减少在一个位置上的重复觅食。另外，在聚群行为和追尾行为中使用固定视野也可以节省系统资源。

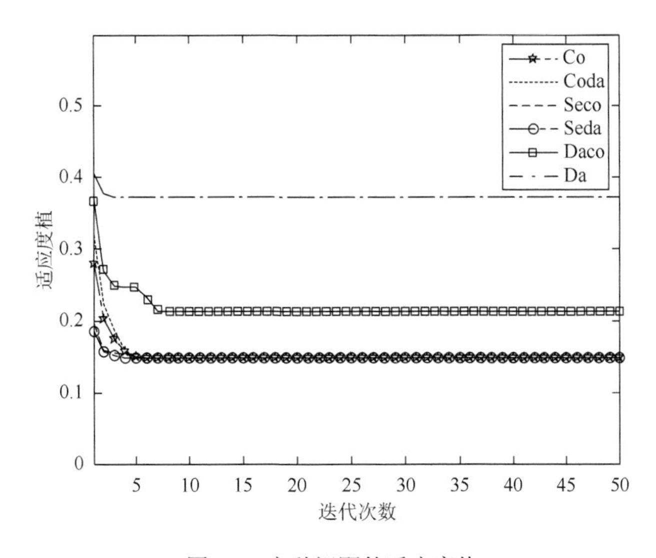


图 4.1　六种视野的适应度值

在场景 1 中，考虑网络中一个主用户和三个次用户共享频谱的情况下，仿真结果如图 4.2～图 4.5 所示。

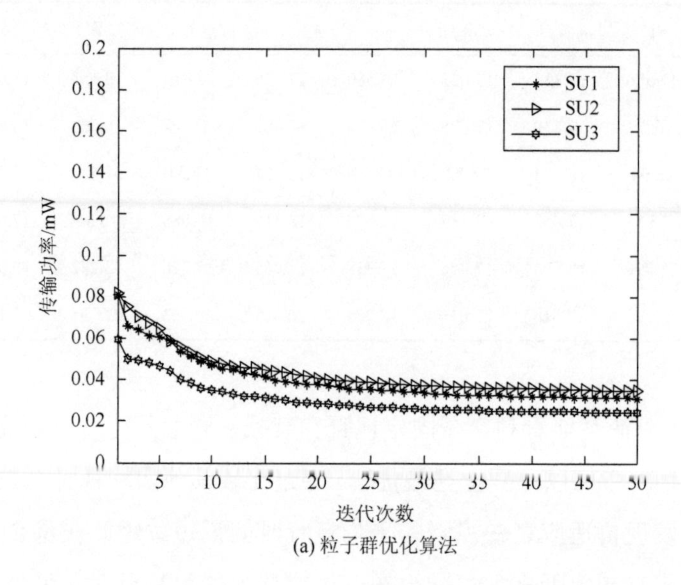


(a) 粒子群优化算法

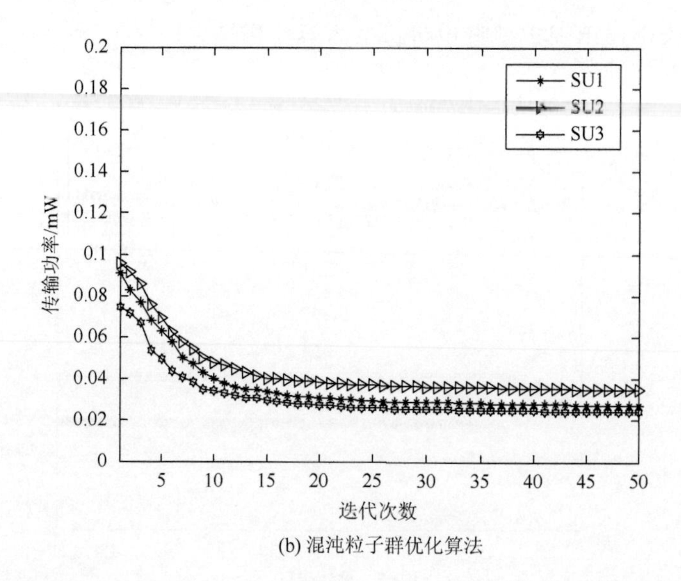


(b) 混沌粒子群优化算法

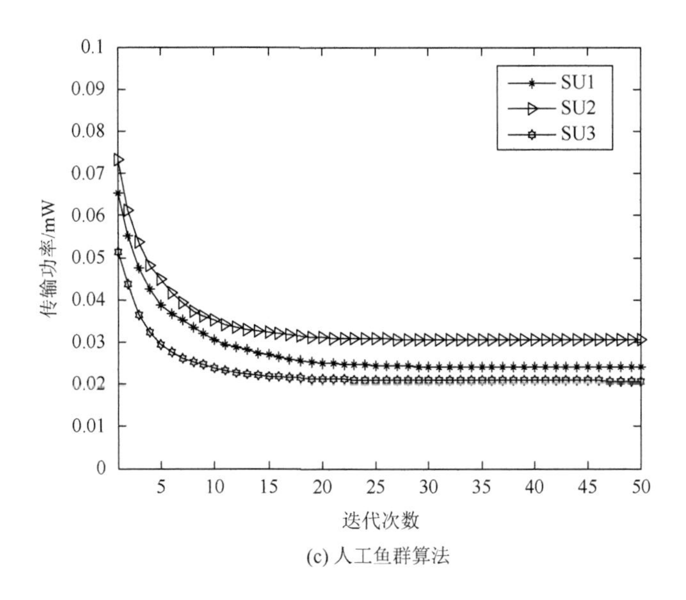


(c) 人工鱼群算法

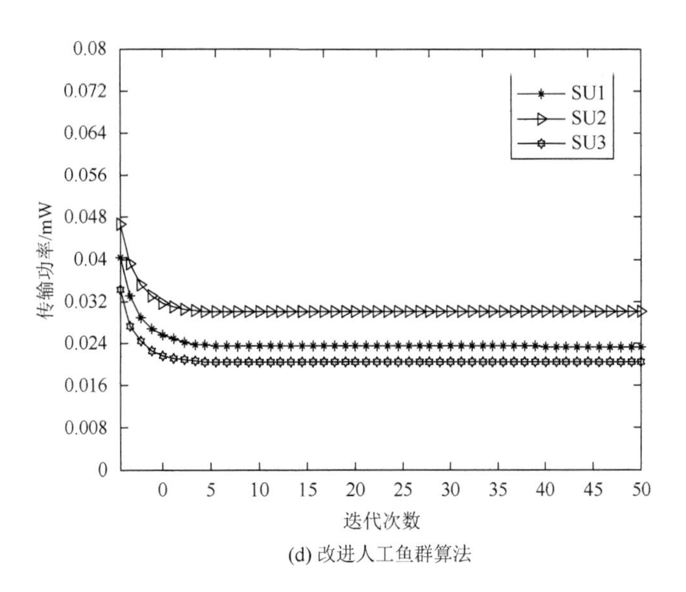


(d) 改进人工鱼群算法

图 4.2　场景 1 中每个次用户不同算法下的传输功率

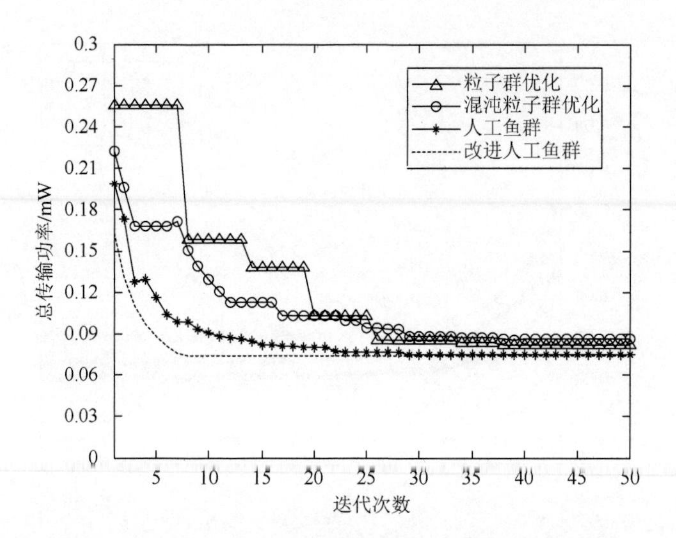


图 4.3　场景 1 中不同算法下所有次用户的总传输功率

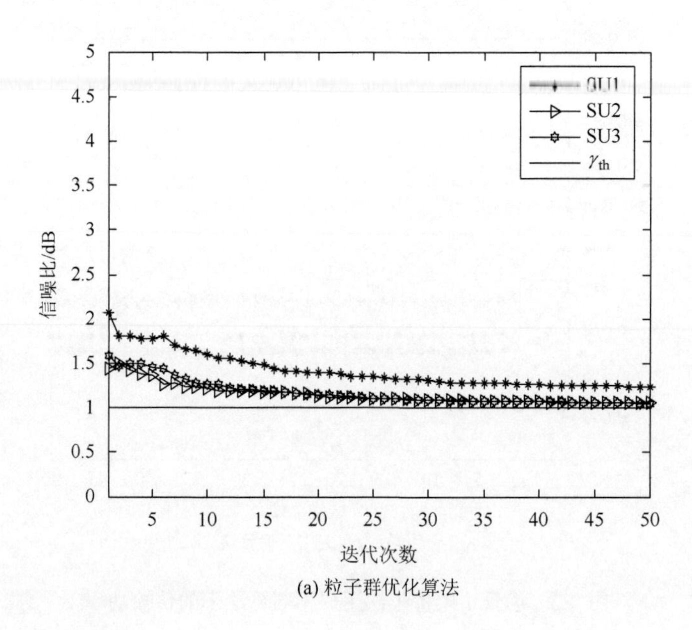


(a) 粒子群优化算法

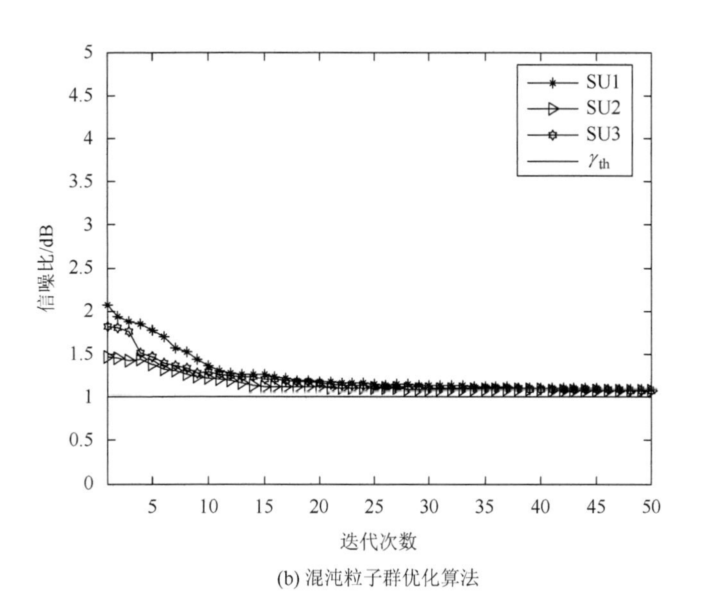


(b) 混沌粒子群优化算法

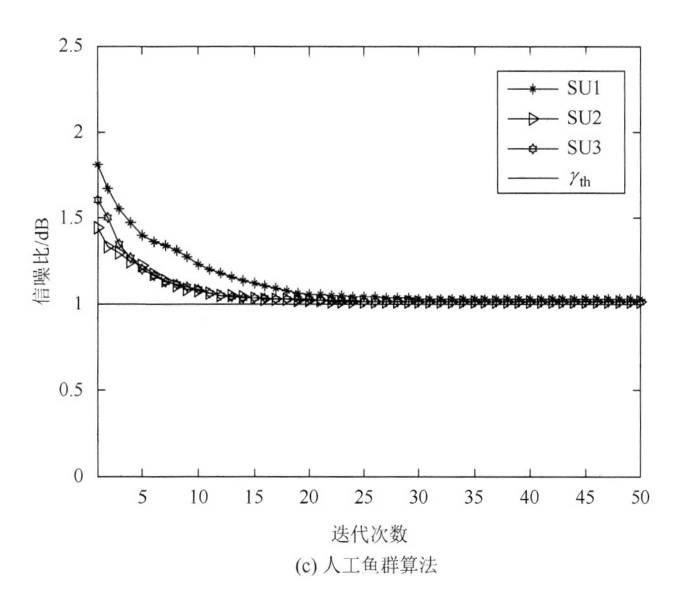


(c) 人工鱼群算法

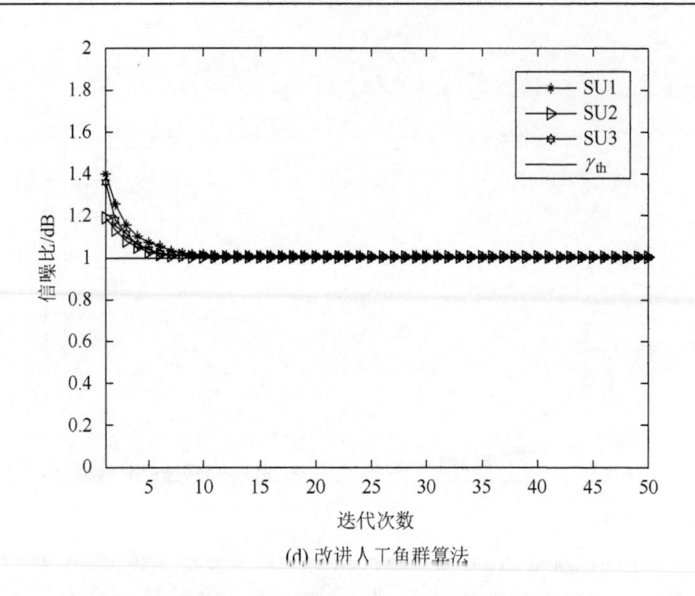


(d) 改进人工鱼群算法

图 4.4　场景 1 中不同算法下每个次用户的信噪比

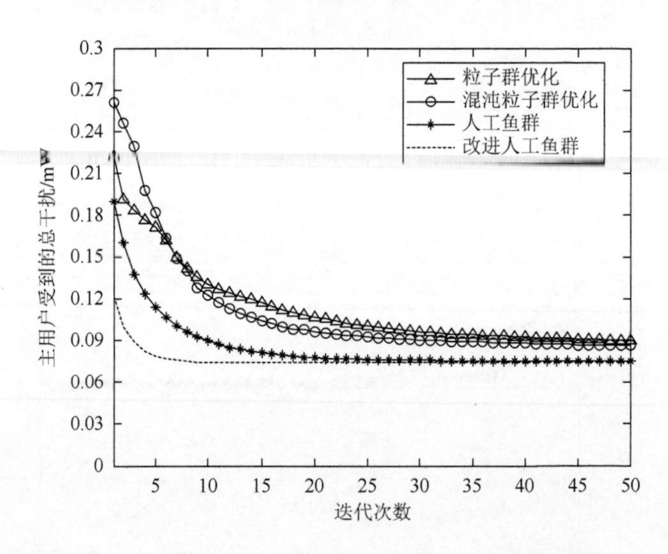


图 4.5　场景 1 中所有次用户对主用户产生的总干扰

由图 4.2 可以看出，在场景 1 中，每个次用户最大允许传输功率约束适用于粒子群优化算法、混沌粒子群优化算法、人工鱼群算法和改进人工鱼群算法。比较图 4.2（a）～图 4.2（d）的传输功率可以知道，每个次用户在改进人工鱼群算法下的传输功率都要比粒子群优化算法、混沌粒子群优化算法和人工鱼群算法中获得的传输功率小，且具有最快的收敛速度。因此，在场景 1 中，本章所提出的改进人工鱼群算法获得了最小次用户传输功率和，这个结论在图 4.3 中也得到了验证。

图 4.4 给出了 4 种算法下每个次用户的信噪比都大于最小信噪比的仿真结果。

在图 4.5 中，很明显可以看出改进人工鱼群算法中次用户对主用户产生的总干扰与人工鱼群算法、粒子群优化算法和混沌粒子群优化算法相比是最小的。而且从表 4.2 中可以看出改进人工鱼群算法在后期寻优误差最小，并且收敛速度最快，获得的平均适应度值最优。总之，改进人工鱼群算法与其他三种算法相比具有更好的性能。

**表 4.2　100 次运行程序的最优、最差值及平均迭代次数（一）**

| 算法名称 | 适应度值/mW | | | 平均迭代次数 |
|---|---|---|---|---|
| | 最优值 | 最差值 | 平均值 | |
| 粒子群优化 | 0.07556 | 0.1535 | 0.08989 | 44.98 |
| 混沌粒子群优化 | 0.07875 | 0.1115 | 0.08642 | 29.07 |
| 人工鱼群 | 0.07356 | 0.07524 | 0.08034 | 26.74 |
| 改进人工鱼群 | 0.0734 | 0.07507 | 0.07377 | 15.22 |

场景 2 中，以场景 1 为基础，然后在第 15 次迭代时，两个新的主用户加入网络中，增加了对次用户的干扰；在第 35 次迭代时，又一个新的主用户加入网络中，干扰增益在不同时间随机变化主要是为了考虑主用户的流动性和估计误差的影响。图 4.6～图 4.9 中的仿真结果证明了改进人工鱼群算法的优越性能。

由图 4.6 和图 4.7 可以看出，在粒子群优化算法、混沌粒子群优化算法、人工鱼群算法和改进人工鱼群算法中，3 个次用户的传输功率都低于最大允许传输功率的阈值，3 个次用户的信噪比都满足最低的阈值条件，所以次用户的基本通信质量得以保证。当主用户加入网络中时，粒子群优化算法、混沌粒子群优化算法和人工鱼群算法不能达到平衡状态。而改进人工鱼群算法不但有最快的收敛速度，而且可以在时变的信道状态中达到均衡点。

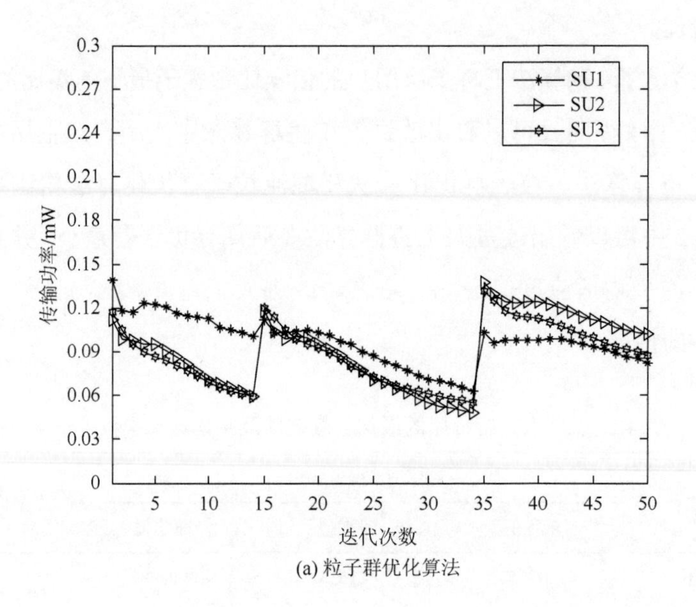


(a) 粒子群优化算法

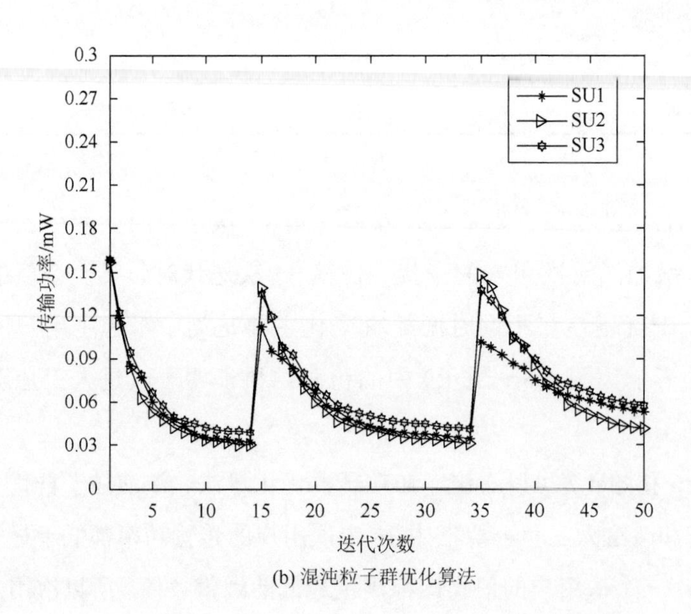


(b) 混沌粒子群优化算法

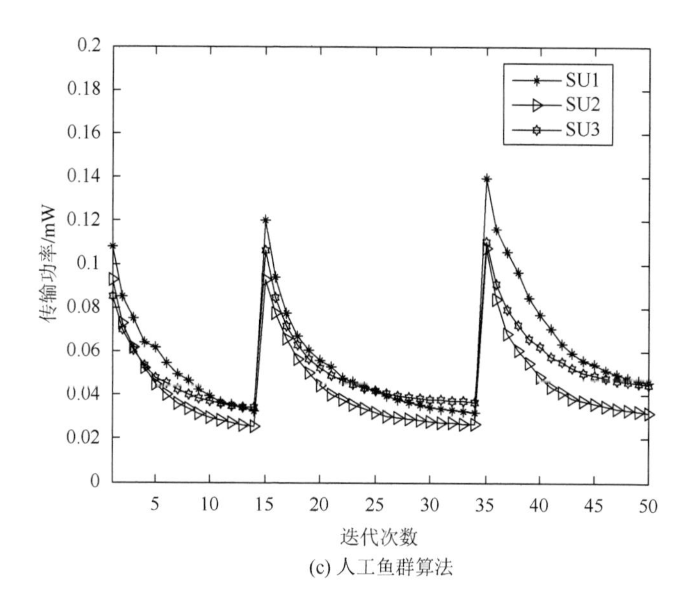


(c) 人工鱼群算法

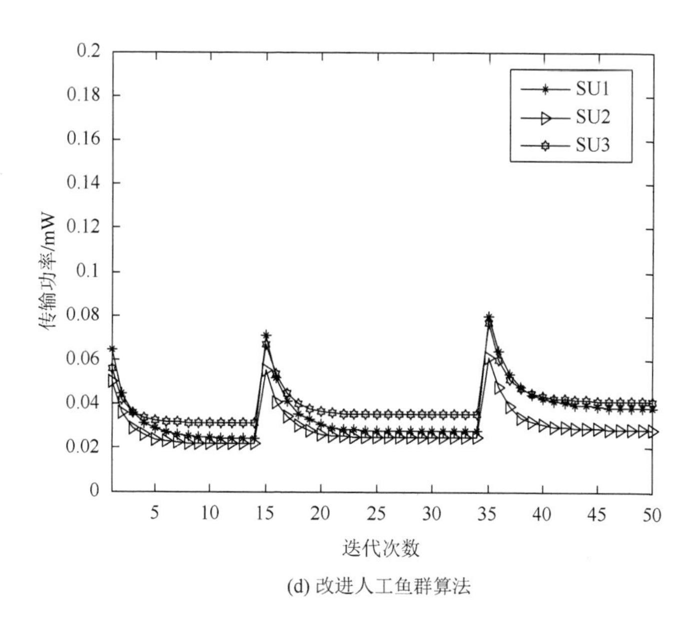


(d) 改进人工鱼群算法

图 4.6　场景 2 中不同算法下每个次用户的传输功率

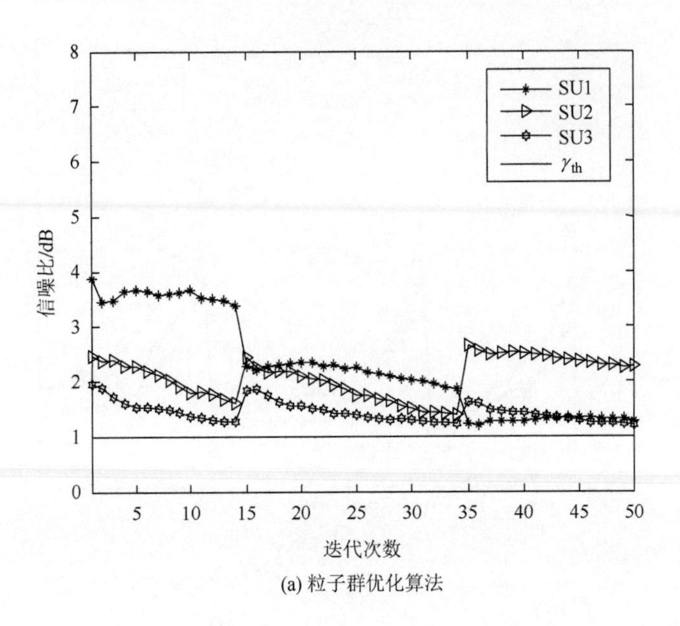


(a) 粒子群优化算法

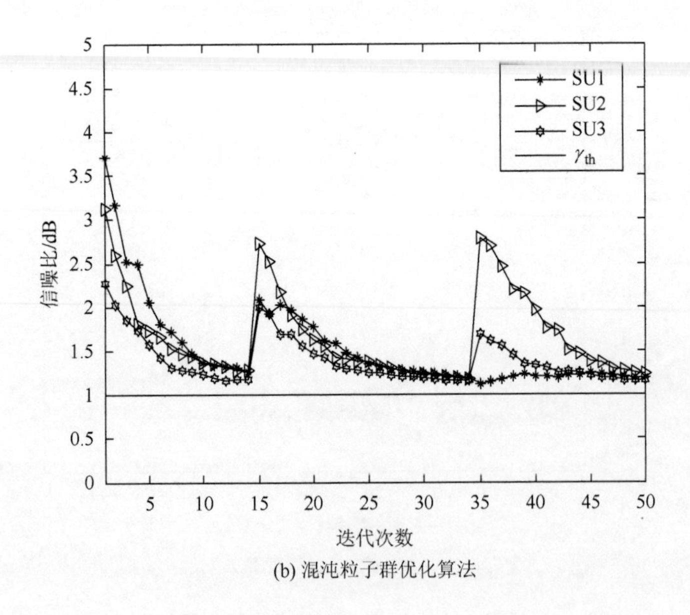


(b) 混沌粒子群优化算法

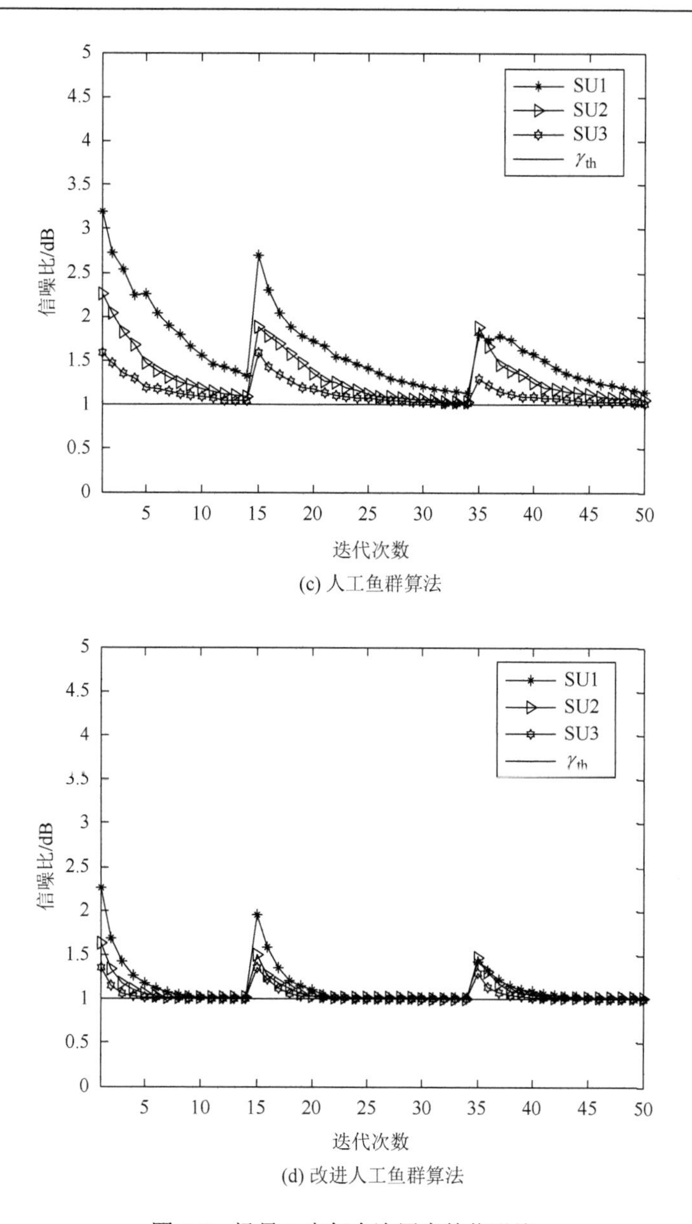


(c) 人工鱼群算法

(d) 改进人工鱼群算法

图 4.7　场景 2 中每个次用户的信噪比

由图 4.8、图 4.9 和表 4.3 可以推断出，改进人工鱼群算法与粒子群优化算法、混沌粒子群优化算法和人工鱼群算法相比，具有最快的收敛速度、较小的误差、最小次用户总传输功率和对主用户最小的总干扰。而且改进人工鱼群算法可以在时变的环境下保持最优性能。

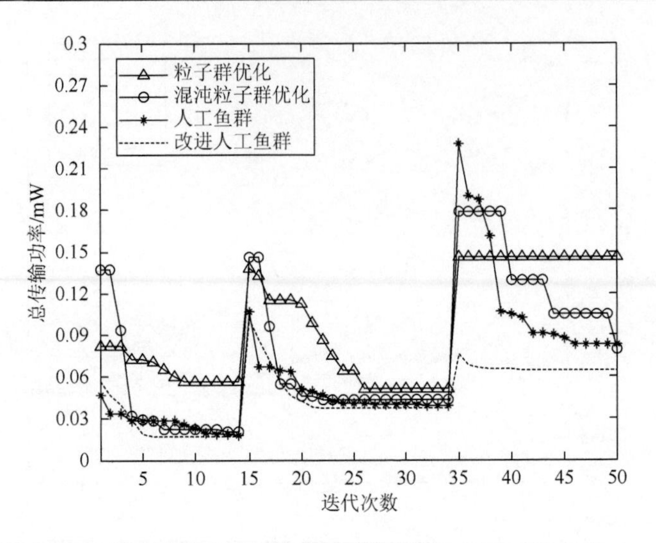


图 4.8　场景 2 中不同算法下所有次用户的总传输功率

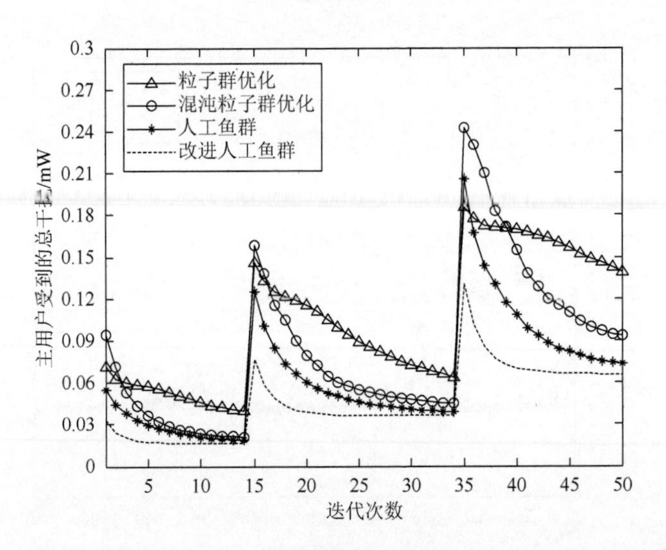


图 4.9　场景 2 中不同算法所有次用户对主用户产生的总干扰

**表 4.3　100 次运行程序的最优、最差值及平均迭代次数（二）**

| 算法名称 | 场景 | 适应度值/mW | | | 平均迭代次数 |
|---|---|---|---|---|---|
| | | 最优值 | 最差值 | 平均值 | |
| 粒子群优化 | 1 | 0.01892 | 0.06573 | 0.03975 | 14 |
| | 2 | 0.03578 | 0.171111 | 0.06402 | 30.37 |
| | 3 | 0.07415 | 0.2335 | 0.1393 | 46.64 |

续表

| 算法名称 | 场景 | 适应度值/mW | | | 平均迭代次数 |
|---|---|---|---|---|---|
| | | 最优值 | 最差值 | 平均值 | |
| 混沌粒子群优化 | 1 | 0.01663 | 0.02896 | 0.02103 | 14 |
| | 2 | 0.03659 | 0.06828 | 0.04482 | 26.74 |
| | 3 | 0.06657 | 0.254 | 0.093 | 41.68 |
| 人工鱼群 | 1 | 0.01639 | 0.02338 | 0.01857 | 14 |
| | 2 | 0.03652 | 0.04586 | 0.03894 | 26.22 |
| | 3 | 0.0661 | 0.089 | 0.07312 | 39.07 |
| 改进人工鱼群 | 1 | 0.01598 | 0.01723 | 0.01618 | 11.97 |
| | 2 | 0.03616 | 0.03885 | 0.03656 | 19.22 |
| | 3 | 0.06454 | 0.07091 | 0.06571 | 48.01 |

## 4.5 小　　结

本章首先简要阐述了人工鱼群算法的基本原理，基于此提出了所有次用户对主用户产生干扰最小的数学模型，应用人工鱼群算法优化模型，获得最优的功率控制方案。为了适应动态通信环境、减少算法运行时间、提高算法的收敛速度，提出了一个改进人工鱼群算法。所给出的仿真结果验证了这两种算法都可以降低每个次用户的传输功率，减少次用户对主用户的干扰，而且满足了主用户和次用户的服务质量的约束。此外，在时变的环境下，所提出的改进人工鱼群算法的性能优于粒子群优化算法、混沌粒子群优化算法和人工鱼群算法。

## 参 考 文 献

[1] Li X L，Shao Z J，Qian J X. An optimizing method based on autonomous animats：Fish-swarm algorithm[J]. System Engineering Theory and Practice，2002，22（11）：32-38.

[2] Bastos-Filho C J A，Silva W A S，Lira L R M. Comparing meta-heuristics for AdaBoost training applied to platelets detection[J]. IEEE Latin America Transactions，2014，12（5）：942-950.

[3] Cheng Z，Hong X. PID controller parameters optimization based on artificial fish swarm algorithm[C]. Fifth International Conference on Intelligent Computation Technology and

Automation（ICICTA），Zhangjiajie，2012：265-268.

[4] Gao Y B，Guan L W，Wang T J，et al. Research on the calibration of FOG based on AFSA[C]. International Conference on Mechatronics and Automation（ICMA），Takamatsu，2013：412-417.

[5] Wang C R，Zhou C L，Ma J W. An improved artificial fish-swarm algorithm and its application in feed-forward neural networks[C]. Proceedings of Machine Learning and Cybernetics，International Conference on IEEE，Guangzhou，2005，5：2890-2894.

[6] FCC. Spectrum policy task force report[R]. Washington D C，2002：2-155.

[7] Fernandez-Martinez J L. Stochastic stability analysis of the linear continuous and discrete PSO models[J]. IEEE Transactions on Evolutionary Computation，2011，15（3）：405-423.

[8] Duan H B，Liu S Q. Non-linear dual-mode receding horizon control for multiple unmanned air vehicles formation flight based on chaotic particle swarm optimisation[J]. IET Control Theory & Applications，2010，4（11）：2565-2578.

[9] 李晓磊. 一种新型的优化方法——人工鱼群算法[D]. 杭州：浙江大学，2003.

[10] 江铭炎，袁东风. 人工鱼群算法及其应用[M]. 北京：科学出版社，2011：1-85.

[11] Islam H，Liang Y C，Hoang A T. Joint beamforming and power control in the downlink of cognitive radio networks[C]. Wireless Communications and Networking Conference，Kowloon，2007，21-26.

[12] Duan Y，Harley R G. A novel method for multiobjective design and optimization of three phase induction machines[J]. IEEE Transactions on Industry Applications，2011，47（4）：284-291.

# 第5章　基于凸优化理论的分布式功率控制算法

## 5.1　概　　述

在频谱资源稀缺的情况下，认知无线电技术可有效地提高频谱资源利用率。近些年来，为了不影响主用户的通信质量并降低计算的复杂度，同时保证次用户的服务质量，很多学者认为分布式的认知无线电资源分配方法是一个不错的选择，因此在这个领域取得了很多研究成果。为了提高认知无线电网络中多用户的性能，文献[1]提出一种简单的基于博弈论的分布式功率算法，但是该文献没有考虑次用户的信噪比最低阈值和用户电池功率的限制。文献[2]中描述的是多用户多信道的认知无线电网络，次用户采用频分多址的接入方式，主、次用户采用覆盖式的频谱共享方式，提出一种基于博弈论的分布式功率控制算法。文献[3]针对最大化目的节点信噪比问题，提出基于最佳策略的分布式认知无线电功率控制算法。文献[4]利用最基本的凸优化方法解决了认知无线电网络功率控制问题。上述分布式功率控制算法基本上都是利用博弈论或基本的凸优化理论，但是计算复杂度较高。因此，本章主要研究基于凸优化理论的分布式认知无线电功率控制算法，充分考虑现实无线通信的限制条件，降低计算复杂度。首先介绍凸优化理论的基础知识，然后给出认知无线电系统功率分配的系统模型，即在保证次用户服务质量和自身发射功率限制的前提下，最小化每个次用户对主用户产生的干扰功率。认知无线电系统的功率分配问题是一个非凸的单目标优化问题。可通过拉格朗日对偶理论将其转化为凸最优化问题再求解。本章提出一种基于凸优化理论的分布式功率控制算法，通过计算机仿真结果可以验证所提出的基本算法和改进算法比传统迭代注水算法具有更好的性能。

## 5.2　凸优化理论

凸优化[5]是一种在凸目标函数与凸约束条件下的特殊的数学优化问题。它的优点在于某些问题转换为凸优化的形式就可以利用一些成熟的优化手段得到最优解。因此，在组合优化和全局优化问题中经常采用凸优化理论。同时它能解决信号处理、算法设计、机器学习及金融统计等方面的优化问题。

凸优化问题的数学模型的一般形式为

$$\begin{aligned}&\min f_0(x)\\&\text{s.t. } f_i(x)\leqslant b_i,\quad i=1,2,\cdots,m\end{aligned}\tag{5.1}$$

式中，函数 $f_0,f_1,\cdots,f_m:\mathbb{R}^n\to\mathbb{R}$ 是凸的，即满足：

$$f_i(Ax+By)=Af_i(x)+Bf_i(y)\tag{5.2}$$

式中，所有的 $x,y\in\mathbb{R}^n$ 且 $A+B=1$，$A\geqslant 0$，$B\geqslant 0$。凸优化问题一般是没有解析解的。另外，使用凸优化理论的难点在于识别和形成这类问题。

对于凸函数的判断分为以下几类。

（1）定义法。通过凸函数的定义进行判断。

凸集合：在欧几里得空间中，如果集合内任意两点所连成的直线上的任意一点都属于原集合，那么此集合必是凸的。

凸函数：是一个凸子集上的实值函数。假设 $U$ 为凸集合，函数 $f$ 是定义在 $U$ 上的一个 $n$ 元函数，如果对于 $U$ 中任意的两个不同的点 $x_1\in D,x_2\in D$ 和任意的常数 $\alpha\in[0,1]$，有

$$f[\alpha x_1+(1-\alpha)x_2]\leqslant\alpha f(x_1)+(1-\alpha)f(x_2)\tag{5.3}$$

则 $f$ 为凸函数，$-f$ 则为凹函数。

如果 $f$ 为一个凸函数，那么它的所有水平集合：

$$\{x\in U\mid f(x)\leqslant\beta|\}\cup\{x\in U\mid f(x)>\beta|\}\tag{5.4}$$

都是凸的，其中 $\beta$ 是一个标量。凸函数可以用图 5.1 来表示。

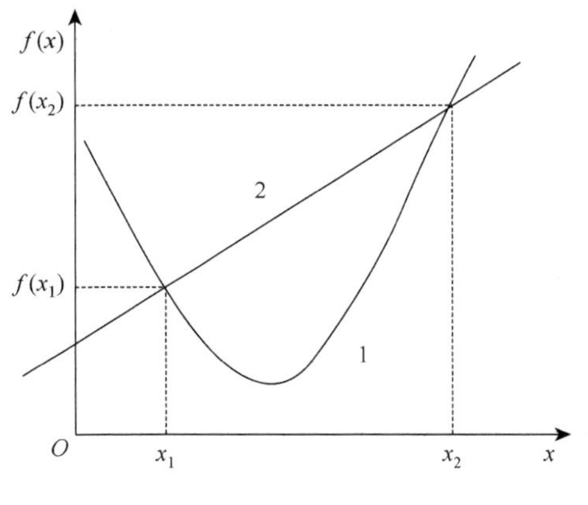


图 5.1　凸函数

图 5.1 中的“1”代表 $f[\alpha x_1+(1-\alpha)x_2]$ 函数；“2”代表 $\alpha f(x_1)+(1-\alpha)f(x_2)$ 直线。

基本的凸函数类型有指数函数、欧几里得范数、半正定二次型函数、仿射函数等。

（2）函数求导/偏导法。对于在实数集上的一元可微函数，可以通过它的二阶导数进行判断。如果它的二阶导数在函数区间上是非负的，那么函数为对应区间的凸函数；如果它的二阶导数在函数区间上是正的，那么函数为对应区间的严格凸函数，但是反过来并不成立。对于多元二次可微函数，可以通过对它求二阶偏导，然后判定黑塞矩阵（Hessian matrix），如果在凸集的内部是正定的，则称为凸函数。

## 5.3　拉格朗日对偶原理

在凸优化理论中，拉格朗日对偶原理是一种常规的对偶求解方法。它利用加权因子将约束条件与目标函数进行组合，目的是将含有约束条件的优化问题转换为没有约束条件的优化问题。具体例子详见如下优化问题：

$$\begin{aligned}&\max f_0(x)\\&\text{s.t.}\begin{cases}f_q(x)\leqslant 0, & q=1,2,\cdots,m\\ h_q(x)\leqslant 0, & q=1,2,\cdots,p\end{cases}\end{aligned}\tag{5.5}$$

式中，$f_0(x)$ 表示目标函数；优化变量 $x\in q^n$；$f_q(x)$、$h_q(x)$ 表示约束条件。

假设上述优化问题的目标函数 $f_0(x)$ 为凸函数，可行域 $U=\phi_{q=1}^{m}\mathrm{dom}f_q \cap \phi_{q=1}^{p}\mathrm{dom}h_q$ 是一个非空凸集合，最优变量为 $x^*$，则式（5.5）为凸的。

定义如下拉格朗日函数：

$$l(x,\alpha,\beta)=f_0(x)+\sum_{q=1}^{m}\alpha_q f_q(x)+\sum_{q=1}^{p}\beta_q h_q(x) \tag{5.6}$$

式中，向量 $\alpha \in q^m$ 和 $\beta \in q^p$ 是式（5.5）中约束条件的拉格朗日乘子或称为对偶变量。定义如下形式的对偶问题：

$$V_u(\alpha,\beta)=\min_{x\in U} l(x,\alpha,\beta)=\min_{x\in U}\left[f_0(x)+\sum_{q=1}^{m}\alpha_q f_q(x)+\sum_{q=1}^{p}\beta_q h_q(x)\right] \tag{5.7}$$

$$u^*=\max_{\alpha_q\geqslant 0,\beta_q\geqslant 0} V_u(\alpha,\beta) \tag{5.8}$$

调换最小化函数和最大化函数的顺序，可得

$$V(\alpha,\beta)=\max_{\alpha_q\geqslant 0,\beta_q\geqslant 0} l(x,\alpha,\beta) \tag{5.9}$$

$$u^*=\min_{x\in U} V(x) \tag{5.10}$$

向量 $u^*$ 即原优化问题式（5.5）的最优解。

当 $x$ 满足约束条件时（$x\in U$）[6]：如果 $h_q(x)=0$ 成立，根据卡罗需-库恩-塔克[7]（Karush-Kuhn-Tucker，KKT）条件，有 $\sum_{q=1}^{p}\beta_q h_q(x)=0$；另外由于 $f_q(x)\leqslant 0$，所以为了使 $V(x)$ 最大化，则必有 $\sum_{q=1}^{m}\alpha_q f_q(x)=0$，因此有 $V(x)=f_0(x)$ 成立。

可以证明当 $x$ 不满足约束条件时（$x\notin U$）：

（1）当 $f_q(x)>0$ 成立时，为了使 $V(x)\to\infty$，需要取变量 $\alpha_q=+\infty$（无穷大）。

（2）当 $h_q(x)\neq 0$ 成立时，为了使 $V(x)\to\infty$，需要取 $\beta_q=+\infty$ 或 $\beta_q=-\infty$（无穷小）。

总结得

$$V(x)=\begin{cases} f_0(x), & x \in U \\ \infty, & x \notin U \end{cases} \tag{5.11}$$

因此，$u^*$ 即原优化问题式（5.5）的最优解。

从上述内容可以发现，原优化问题是对拉格朗日函数先取最大值，再取最小值，然后通过调换拉格朗日函数最大化和最小化问题的顺序，可以得到对偶问题。此时拉格朗日函数与对偶问题等价，然后针对对偶问题求解即可得到原问题的最优解。

## 5.4　功率控制算法

### 5.4.1　基于主用户最小干扰系统模型

在下垫式认知无线电网络中，主用户与次用户可以同时共享系统的频谱，如图 5.2 所示。

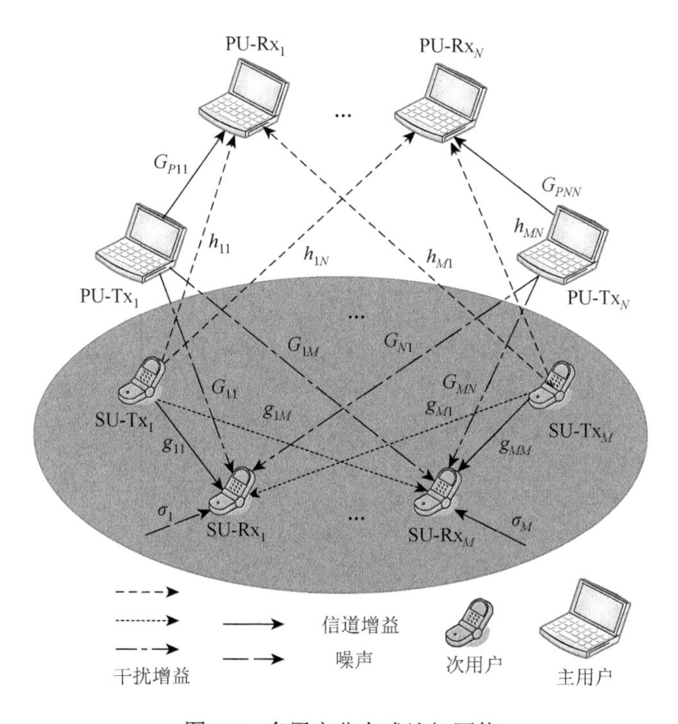


图 5.2　多用户分布式认知网络

图 5.2 中，PU-$Tx_1$表示主用户发射机 1；PU-$Tx_N$表示主用户发射机 $N$；PU-$Rx_1$表示主用户接收机 1；PU-$Rx_N$表示主用户接收机 $N$；SU-$Tx_1$表示次用户发射机 1；SU-$Tx_M$表示次用户发射机 $M$；SU-$Rx_1$表示次用户接收机 1；SU-$Rx_M$表示次用户接收机 $M$；$G_{P11}$表示主用户发射机 1 和接收机 1 之间的信道增益；$G_{PNN}$表示主用户发射机 $N$ 和接收机 $N$ 之间的信道增益；$h_{11}$表示次用户发射机 1 和主用户接收机 1 之间的信道增益；$h_{1N}$表示次用户发射机 1 和主用户接收机 $N$ 之间的信道增益；$h_{M1}$表示次用户发射机 $M$ 和主用户接收机 1 之间的信道增益；$h_{MN}$表示次用户发射机 $M$ 和主用户接收机 $N$ 之间的信道增益；$G_{11}$表示主用户发射机 1 和次用户接收机 1 之间的信道增益；$G_{1M}$表示主用户发射机 1 和次用户接收机 $M$ 之间的信道增益；$G_{N1}$表示主用户发射机 $N$ 和次用户接收机 1 之间的信道增益；$G_{MN}$表示主用户发射机 $M$ 和次用户接收机 $N$ 之间的信道增益；$g_{11}$表示次用户发射机 1 和次用户接收机 1 之间的信道增益；$g_{1M}$表示次用户发射机 1 和次用户接收机 $M$ 之间的信道增益；$g_{M1}$表示次用户发射机 $M$ 和次用户接收机 1 之间的信道增益；$g_{MM}$表示次用户发射机 $M$ 和次用户接收机 $M$ 之间的信道增益。

所有的次用户和主用户使用的子信道分别用 $\alpha=\{1,2,\cdots,M\}$ 和 $\beta=\{1,2,\cdots,N\}$ 表示，并且 $\forall i,j\in\alpha,\forall k\in\beta$。为了保证次用户的通信质量，每个次用户接收端的信噪比应该超过预先设定的阈值，即

$$\gamma_i^{\min}\leqslant\gamma_i \tag{5.12}$$

式中，$\gamma_i^{\min}>0$ 是次用户所需的信噪比的最低值，这可以保证每个次用户通信的可靠性；$\gamma_i$ 是次用户的实际信噪比，考虑了背景噪声和主用户对次用户的干扰，它可以定义为

$$\gamma_i=\frac{p_i g_{ii}}{\sum\limits_{j\neq i}p_j g_{ji}+n_i} \tag{5.13}$$

式中，$p_i$ 是第 $i$ 个次用户发射机的传输功率；$g_{ii}$ 是链路 $i$ 上的直接信道增益；$p_j$ 是第 $j$ 个次用户发射机的传输功率；$g_{ji}$ 是第 $j$ 个次用户发射机对第 $i$ 个次用户接

收机的干扰增益；$n_i = I_{i\beta} + \sigma_i$，表示所有的主用户发射机对第 $i$ 个次用户接收机产生的干扰 $I_{i\beta}$ 与第 $i$ 个次用户接收机上的背景噪声 $\sigma_i$ 之和。$I_{i\beta}$ 可以表示为

$$I_{i\beta} = \sum_{k=1}^{N} P_k G_{ki} \tag{5.14}$$

式中，$P_k$ 是第 $k$ 个主用户发射机的传输功率；$G_{ki}$ 是第 $k$ 个主用户发射机对第 $i$ 个次用户接收机的干扰增益。

对每个次用户的发射机来说，它的传输功率不应该超过该装置的预算。因此，它应该满足：

$$0 \leqslant p_i \leqslant p_i^{\max} \tag{5.15}$$

式中，$p_i^{\max}$ 是第 $i$ 个次用户发射机的最大传输功率。

为了不影响主用户的服务质量并且寻找通信的机会，必须要控制次用户的发射功率。本章的目标是最小化次用户对主用户产生的干扰功率且同时满足约束条件式（5.12）和式（5.15）。

为了实现这个目标，这个功率控制问题可以描述为

$$\begin{aligned} &\min \sum_i p_i h_{ik} \\ &\text{s.t.} \begin{cases} \gamma_i^{\min} \leqslant \gamma_i \\ 0 \leqslant p_i \leqslant p_i^{\max} \end{cases} \end{aligned} \tag{5.16}$$

式中，$h_{ik}$ 是第 $i$ 个次用户发射机对第 $k$ 个主用户接收机的干扰增益。

### 5.4.2　基本的分布式功率控制算法

根据凸优化理论[5]，上述功率最优问题即式（5.16）可以转化为如下的凸优化问题：

$$\begin{aligned} &\min \sum_i p_i h_{ik} \\ &\text{s.t.} \begin{cases} \log_2(1+\gamma_i^{\min}) \leqslant \log_2(1+\gamma_i) \\ 0 \leqslant p_i \leqslant p_i^{\max} \end{cases} \end{aligned} \tag{5.17}$$

式（5.17）可以用拉格朗日对偶理论来解决[7]，其拉格朗日函数表示为

$$L(p,\xi,\lambda)=\sum_i p_i h_i+\sum_i \xi_i[\log_2(1+\gamma_i^{\min})-\log_2(1+\gamma_i)]+\sum_i \lambda_i(p_i-p_i^{\max}) \tag{5.18}$$

式中，$p=[p_1,p_2,\cdots,p_M]^{\mathrm{T}}$ 是传输功率向量；$\lambda=[\lambda_1,\lambda_2,\cdots,\lambda_N]^{\mathrm{T}}\geqslant 0$ 和 $\xi=[\xi_1,\xi_2,\cdots,\xi_M]^{\mathrm{T}}\geqslant 0$ 是对偶变量的向量；$\xi_i$ 和 $\lambda_i$ 是拉格朗日乘子。

根据对偶分解理论，式（5.17）的拉格朗日对偶函数为

$$D(\xi,\lambda)=\sum_i \min_p L_i(p,\xi,\lambda)+\sum_i[\xi_i\log_2(1+\gamma_i^{\min})-\lambda_i p_i^{\max}] \tag{5.19}$$

式中

$$L_i(p,\xi,\lambda)=p_i h_i+p_i\lambda_i-\xi_i\log_2(1+\gamma_i) \tag{5.20}$$

同时，式（5.17）的对偶最优问题可以写为

$$\begin{aligned}&\min D(\xi,\lambda)\\&\text{s.t. }\ \xi\geqslant 0,\quad \lambda\geqslant 0\end{aligned} \tag{5.21}$$

根据 KKT 条件[8]，次用户发射机的最优传输功率可以通过公式

$$\frac{\partial L_i(p,\xi,\lambda)}{\partial p_i}=0 \tag{5.22}$$

求得最优功率：

$$p_i=\frac{\xi_i}{h_{ik}+\lambda_i}-\frac{\sum_{j\neq i}p_j g_{ji}+n_i}{g_{ii}} \tag{5.23}$$

通过使用次梯度方法，可以解决对偶问题。我们用梯度迭代算法来更新拉格朗日乘子：

$$\xi_i(t+1)=\max(0,\xi_i(t)+\phi[\log_2(1+\gamma_i^{\min})-\log_2(1+\gamma_i)])^+ \tag{5.24}$$

$$\lambda_i(t+1)=\max(0,\lambda_i(t)+\varphi(p_i-p_i^{\max}))^+ \tag{5.25}$$

式中，$(X)^+ = \max\{0, X\}$；$t$ 是迭代次数；$\phi$ 和 $\varphi$ 表示步长。乘子 $\xi_i$、$\lambda_i$ 和步长应该谨慎选择来确保快速收敛。

基本的分布式功率控制算法步骤如下。

（1）初始化参数。设 $t=0$，$\xi_i(0)>0$，$\lambda_i(0)>0$，$\gamma_i^{\min}>0$，$0 \leqslant p_i(0) \leqslant p_i^{\max}$，$I_{i\beta}>0$，$\sigma_i>0$，$\phi>0$，$\varphi>0$。

（2）计算次用户接收机参数。计算总的干扰和噪声功率 $\sum\limits_{j\neq i} p_j g_{ji} + n_i$，通过式（5.24）更新拉格朗日乘子 $\xi_i$，反馈信息 $\sum\limits_{j\neq i} p_j g_{ji} + n_i$ 和 $\xi_i$ 给次用户的发射机。

（3）计算次用户发射机参数。分别接收 $\sum_{j\neq i} p_j g_{ji} + n_i$ 和 $\xi_i$，由式（5.25）更新拉格朗日乘子 $\lambda_i$。

（4）通过式（5.23）计算传输功率的值。

（5）返回步骤（2）。

### 5.4.3　改进的分布式功率控制算法

为了减少次用户对主用户总的干扰功率和总的能量消耗，本章提出了改进的分布式功率控制算法。与上述算法不同的是，式（5.16）转换为

$$
\begin{aligned}
&\min \sum_i p_i h_{ik} \\
&\text{s.t.} \begin{cases} \dfrac{1}{\gamma_i} \leqslant \dfrac{1}{\gamma_i^{\min}} \\ 0 \leqslant p_i \leqslant p_i^{\max} \end{cases}
\end{aligned} \tag{5.26}
$$

它的拉格朗日函数为

$$
L(p,\xi,\lambda) = \sum_i p_i h_i + \sum_i \xi_i \left( \frac{1}{\gamma_i} - \frac{1}{\gamma_i^{\min}} \right) + \sum_i \lambda_i (p_i - p_i^{\max}) \tag{5.27}
$$

根据对偶分解理论，式（5.26）的拉格朗日对偶函数为

$$
D(\xi,\lambda) = \sum_i \min_p L_i(p,\xi,\lambda) - \sum_i (\xi_i / \gamma_i^{\min} + \lambda_i p_i^{\max}) \tag{5.28}
$$

式中

$$L_i(p,\xi,\lambda) = p_i h_i + \xi_i / \gamma_i + p_i \lambda_i \tag{5.29}$$

式（5.26）的对偶问题可以用下面的表达式描述：

$$\begin{aligned} &\min D(\xi,\lambda) \\ &\text{s.t. } \xi \geqslant 0, \quad \lambda \geqslant 0 \end{aligned} \tag{5.30}$$

次用户发射机的传输功率可以通过公式：

$$\frac{\partial L_i(p,\xi,\lambda)}{\partial p_i} = 0 \tag{5.31}$$

求得最优功率：

$$p_i = \sqrt{\frac{\xi_i\left(\sum_{j\neq i} p_j g_{ji} + n_i\right)}{(h_i + \lambda_i) g_{ii}}} \tag{5.32}$$

对偶问题可以用次梯度算法构建的迭代算法来更新拉格朗日乘子。与上述基本算法相比，改进算法的不同之处在于：

$$\xi_i(t+1) = \max\left(0, \lambda_i(t) + \phi\left(\frac{1}{\gamma_i} - \frac{1}{\gamma_i^{\min}}\right)\right)^+ \tag{5.33}$$

改进的分布式功率控制算法具体步骤如下。

（1）初始化参数。设 $t=0$，$\xi_i(0)>0$，$\lambda_i(0)>0$，$\gamma_i^{\min}>0$，$0\leqslant p_i(0)\leqslant p_i^{\max}$，$I_{i\beta}>0$，$\sigma_i>0$，$\phi>0$，$\varphi>0$。

（2）计算次用户接收机参数。计算总的干扰和噪声功率 $\sum_{j\neq i} p_j g_{ji} + n_i$，通过式（5.33）更新拉格朗日乘子 $\xi_i$，反馈信息 $\sum_{j\neq i} p_j g_{ji} + n_i$ 和 $\xi_i$ 给次用户的发射机。

（3）计算次用户发射机参数。分别接收 $\sum_{j\neq i} p_j g_{ji} + n_i$ 和 $\xi_i$，由式（5.25）更新拉格朗日乘子 $\lambda_i$。

（4）通过式（5.31）计算传输功率的值。

（5）返回步骤（2）。

### 5.4.4　基于容量的系统模型

本节在正交频分复用（orthogonal frequency-division multiplexing，OFDM）认知无线电网络中考虑了 $T$ 个主用户和 $M$ 个次用户共享 $K$ 个子载波上的下垫式场景。由于电池容量的限制，每个次用户的传输功率必须不能超过传输机的最大发射功率。因此应该满足如下约束条件：

$$\sum_{k=1}^{K} p_k^i \leqslant p_{\max}^i \tag{5.34}$$

式中，$p_{\max}^i$ 是次用户 $i$ 在所有子载波上的最大阈值。

为了确保主用户的服务质量，考虑远近效应并且减少次用户之间的交互信息量，每个子载波上的每个次用户发射干扰功率应该低于主用户可以忍受的值。因此，引入权重干扰温度，这个约束条件可以由式（5.35）来表示：

$$p_k^i h_k^{it} \leqslant \omega_k^{it} I_k^t \tag{5.35}$$

式中，$h_k^{it}$ 是从主用户 $t$ 到次用户 $i$ 在子载波 $k$ 上的干扰增益；$I_k^t$ 是子载波 $k$ 上的干扰阈值；$\omega_k^{it}$ 是权重因子，它与子载波 $k$ 上的次用户 $i$ 和主用户 $t$ 之间的距离成比例。

为了确保次用户的服务质量，次用户的信噪比应该满足如下约束条件：

$$\gamma_{\min}^i \leqslant \gamma_k^i \tag{5.36}$$

式中，$\gamma_{\min}^i(\gamma_{\min}^i > 0)$ 是次用户 $i$ 满足发射质量的最低信噪比阈值。

我们的优化目标是最大化每个次用户在所有子载波的容量，同时满足式（5.34）～式（5.36）三个约束条件。因此，上述优化问题可以由式（5.37）表示：

$$\begin{aligned}
&\max \sum_{k=1}^{K} \log_2(1+\gamma_k^i) \\
&\text{s.t.} \begin{cases} \sum_{k=1}^{K} p_k^i \leqslant p_{\max}^i \\ p_k^i \geqslant 0, \forall k \in \{1,2,\cdots,K\}, i \in \{1,2,\cdots,M\} \\ \gamma_k^i \geqslant \gamma_{\min}^i \\ p_k^i h_k^{it} \leqslant \omega_k^{it} I_k^t \end{cases}
\end{aligned} \tag{5.37}$$

式中，$\gamma_k^i = \dfrac{g_k^{ii} p_k^i}{N_k + h_k^{it} T_k^t}$；$N_k$ 是子载波 $k$ 上的背景噪声；$g_k^{ii}$ 是子载波 $k$ 上的信道增益；$T_k^t$ 是主用户 $t$ 在子载波 $k$ 上的发射功率。

很明显，式（5.37）是个非线性规划问题，同时也是凹最大化问题。因此，该问题可以转换成如下凸优化问题：

$$\min \sum_{k=1}^{K} \log_2(1+\gamma_k^i)$$
$$\text{s.t.} \begin{cases} \sum\limits_{k=1}^{K} p_k^i \leqslant p_{\max}^i \\ p_k^i \geqslant 0, \forall k \in \{1,2,\cdots,K\}, i \in \{1,2,\cdots,M\} \\ \log_2(1+\gamma_k^i) \geqslant \log_2(1+\gamma_{\min}^i) \\ p_k^i h_k^{it} / \omega_k^{it} \leqslant I_k^t \end{cases} \tag{5.38}$$

## 5.4.5 基于容量的分布式功率分配

本节在 OFDM 网络中利用分布式功率控制算法解决每个次用户在所有子载波的容量问题。这种分布式功率控制算法隐藏了凸结构，它可以利用拉格朗日原理来解决。因此式（5.38）的拉格朗日函数可以由式（5.39）表示：

$$\begin{aligned} L(p,\xi,\lambda) = &-\sum_{k=1}^{K} \log_2(1+\gamma_k^i) + \xi\left(\sum_{k=1}^{K} p_k^i - p_{\max}^i\right) \\ &+ \sum\nolimits_k \chi_k[\log_2(1+\gamma_k^i) - \log_2(1+\gamma_{\min}^i)] + \sum\nolimits_k \lambda_k (p_k^i h_k^{it} / \omega_k^{it} - I_k^t) \end{aligned} \tag{5.39}$$

式中，$p = [p_1,\cdots,p_M]^{\mathrm{T}}$ 是发射功率矢量；$\xi = [\xi_1,\xi_2,\cdots,\xi_M]^{\mathrm{T}} \geqslant 0$ 表示对偶变量的矢量；$\lambda_k$ 是拉格朗日乘子。

根据对偶分解理论，式（5.38）的拉格朗日对偶函数表示如下：

$$D(\xi,\lambda) = \sum\nolimits_k \min_p L_k(p,\xi,\lambda) + \left[\xi p_{\max}^i - \sum\nolimits_k \chi_k \log_2(1+\gamma_{\min}^i) - \sum\nolimits_k \lambda_k I_k^i\right] \tag{5.40}$$

式中

$$L_k(p,\xi,\lambda)=(\chi_k-1)\log_2(1+\gamma_k^i)+\xi p_k^i+\lambda_k p_k^i h_k^{it}/\omega_k^{it} \tag{5.41}$$

而且，式（5.38）的对偶问题可以用下面的表达式描述：

$$\begin{aligned}&\min D(\xi,\lambda_k)\\&\text{s.t. } \xi\geqslant 0,\quad \lambda_k\geqslant 0\end{aligned} \tag{5.42}$$

根据 KKT 条件，每个次用户在每个子载波的最优传输功率可以通过如下方程获得：

$$\frac{\partial L_k(p,\xi,\lambda_k)}{\partial p_k^i}=0 \tag{5.43}$$

而且，这个对偶问题的最优解表示如下：

$$p_k^i=\frac{\omega_k^{it}(1+\chi_k)}{\omega_k^{it}\xi+\lambda_k h_k^{it}}-\frac{N_k+h_k^{ij}T_k^j}{g_k^i} \tag{5.44}$$

上述问题可以通过次梯度的方法解决。因此我们构建了以下公式利用次梯度方法去更新拉格朗日乘子：

$$\xi(t+1)=\max\left[0,\xi(t)+\phi\left(p_{\max}^i-\sum_{k=1}^{K}p_k^i\right)\right]^+ \tag{5.45}$$

$$\chi_k(t+1)=\max(0,\chi_k(t)+\nu[\log_2(1+\gamma_k^i)-\log_2(1+\gamma_{\min}^i)])^+ \tag{5.46}$$

$$\lambda_k(t+1)=\max(0,\lambda_k(t)+\varphi(p_k^i h_k^{it}/\omega_k^{it}-I_k^t))^+ \tag{5.47}$$

式中，$[X]^+=\max\{0,X\}$；$t$ 是迭代次数；$\phi$、$\nu$、$\varphi$ 都表示步长。这个步长和乘子 $\chi_k$ 及 $\lambda_k$ 应该谨慎选择以确保快速收敛。

基于容量的分布式功率控制算法具体步骤如下。

（1）初始化参数。设 $t=0$，$\xi(0)>0$，$\chi_k(0)>0$，$\lambda_k(0)>0$，$\gamma_i^{\min}>0$，$0\leqslant p_k^i(0)\leqslant p_{\max}^i$，$\phi>0$，$\nu>0$，$\varphi>0$。

（2）计算链路 $i$ 的次用户接收机参数。计算总的干扰和噪声功率 $N_k+h_k^{ij}T_k^j$，通过式（5.45）更新拉格朗日乘子 $\xi_i$，反馈信息 $N_k + h_k^{ij} T_k^j$ 和 $\xi$ 给次用户的发射机链路 $i$。

（3）计算链路 $i$ 的次用户发射机参数。分别接收 $N_k + h_k^{ij} T_k^j$ 和 $\xi$，由式（5.46）和式（5.47）更新拉格朗日乘子 $\chi_k$ 和 $\lambda_k$。

（4）通过式（5.44）计算传输功率的值。

（5）返回步骤（2）。

## 5.5　仿真实验与结果分析

### 5.5.1　基于主用户最小干扰系统模型功率控制算法仿真实验与结果

本节将基本和改进的分布式功率控制算法与传统的迭代注水算法[9]进行性能比较。在下垫式网络中，在完美信道下，取三条次链路和一条主链路，即 $M = 3$，$N = 1$。初始功率向量在区间 (0,0.01) 中随机选取。次用户发射机最大发射功率为 $p_i^{\max} = 1\text{mW}$。次用户接收机最小信噪比的值 $\gamma_i^{\min} = 1\text{dB}$，背景噪声 $\sigma_i = 10^{-2} \times [0.57;0.15;0.75]$，信道增益 $g_{ji} = [1,0.12,0.21;0.13,1,0.30;0.41,0.16,1]$，次用户发射机对主用户接收机的干扰增益 $h_{ik} = [0.89;0.44;0.16]$。主用户发射机对次用户接收机的干扰功率 $I_{i\beta} = 10^{-2} \times [0.31;0.25;0.54]$。仿真结果见图 5.3～图 5.7。

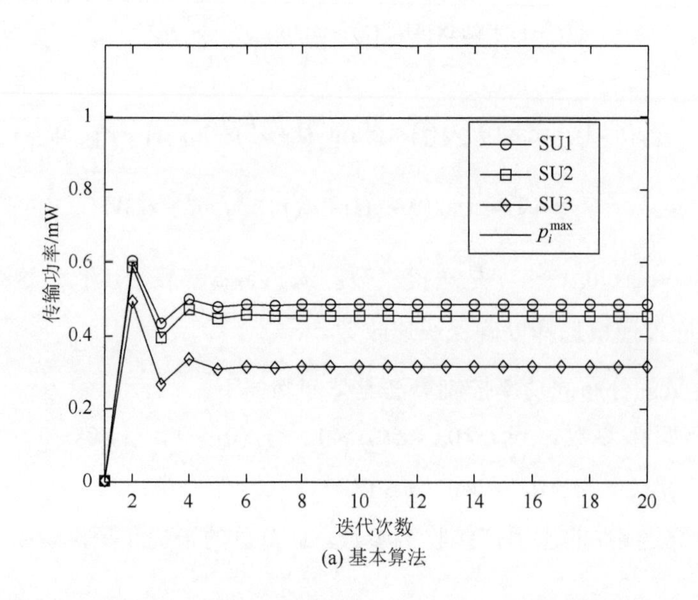


(a) 基本算法

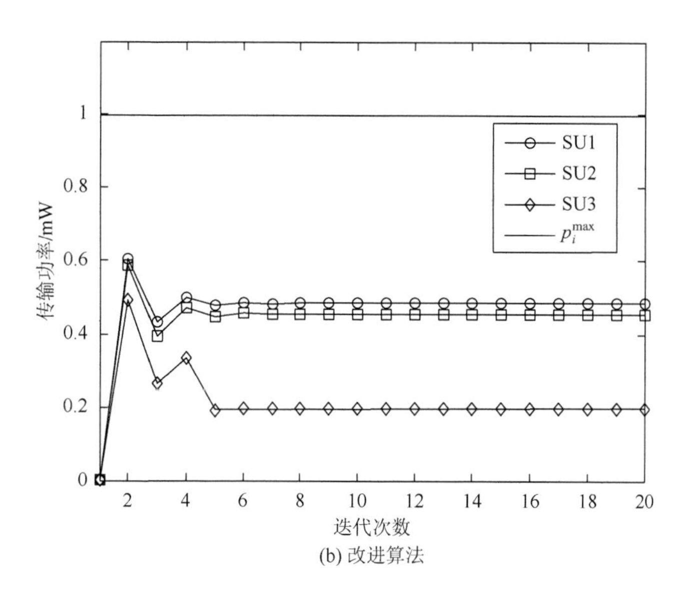


(b) 改进算法

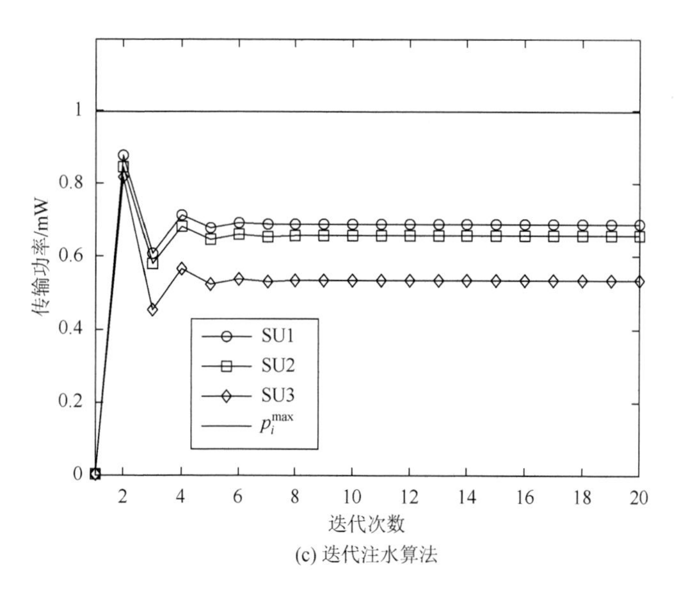


(c) 迭代注水算法

图 5.3　理想信道下次用户的传输功率

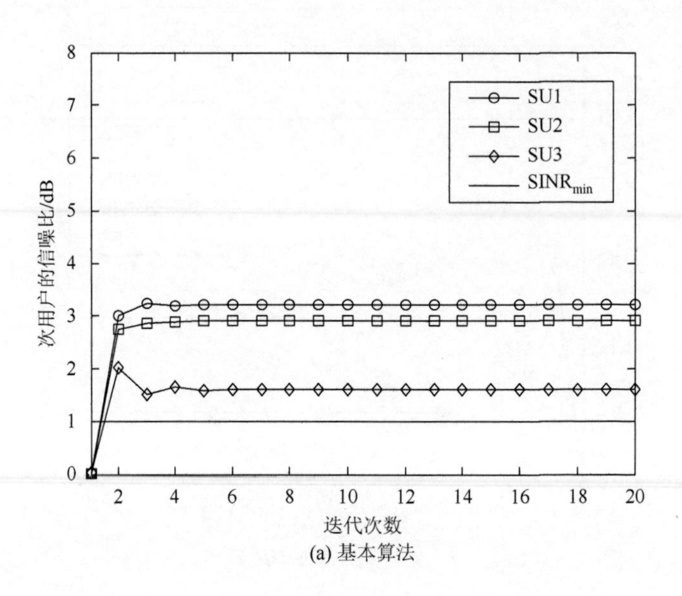
SU1
SU2
SU3
SINR$_{min}$
次用户的信噪比/dB
迭代次数
0
1
2
3
4
5
6
7
8
2
4
6
8
10
12
14
16
18
20
(a) 基本算法

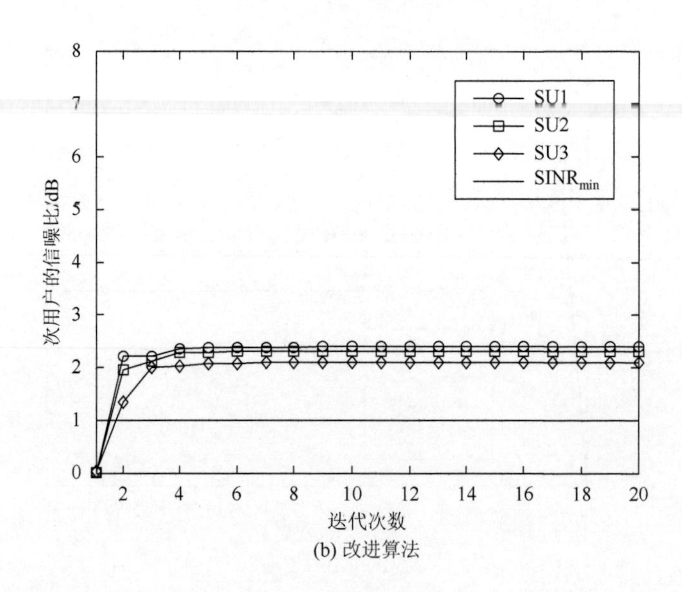
SU1
SU2
SU3
SINR$_{min}$
次用户的信噪比/dB
迭代次数
0
1
2
3
4
5
6
7
8
2
4
6
8
10
12
14
16
18
20
(b) 改进算法

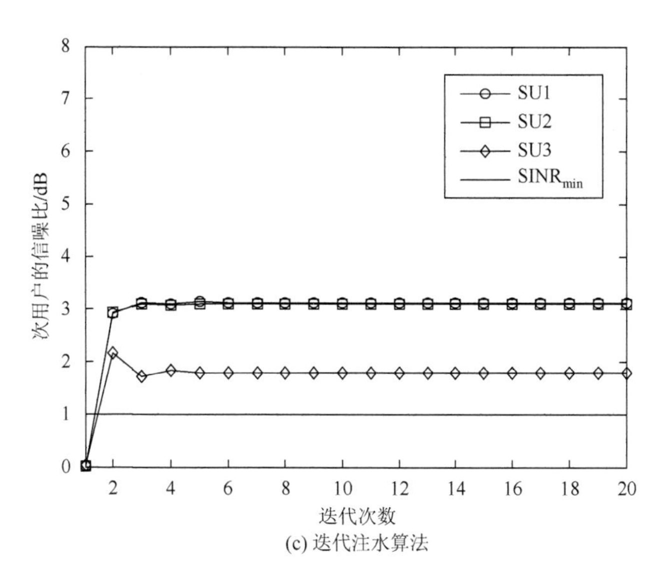

(c) 迭代注水算法

图 5.4　理想信道下次用户的信噪比

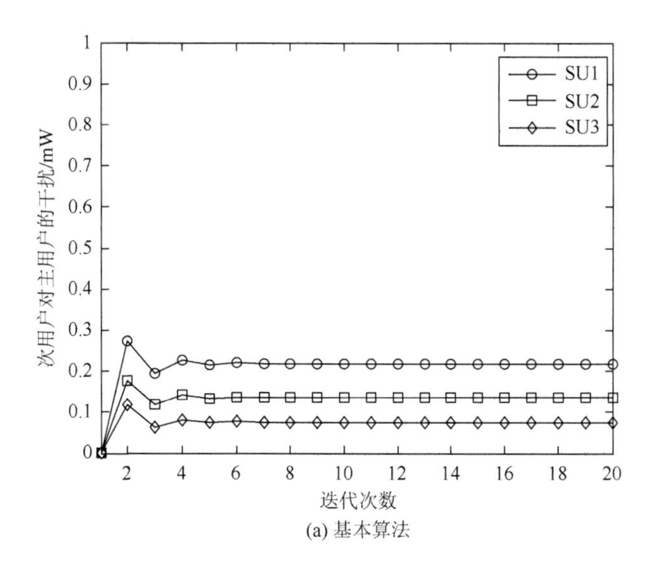

(a) 基本算法

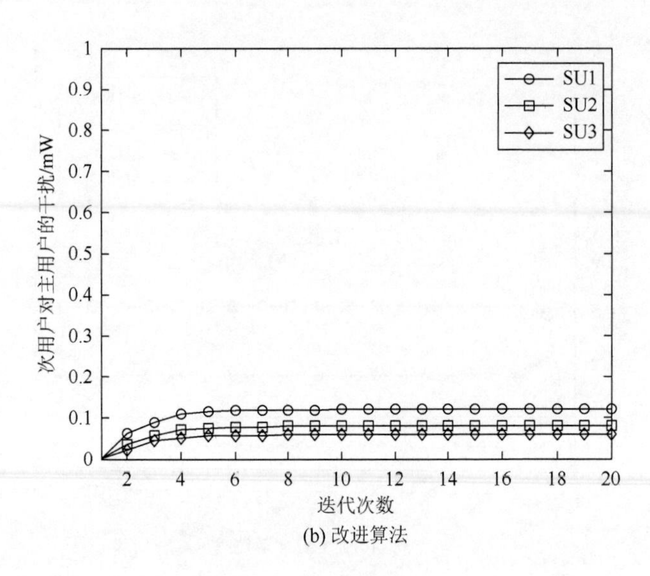


(b) 改进算法

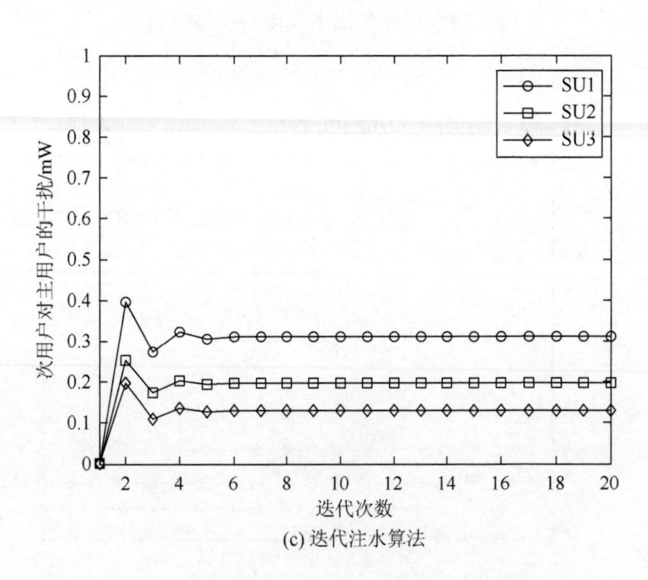


(c) 迭代注水算法

图 5.5　理想信道下次用户对主用户的干扰

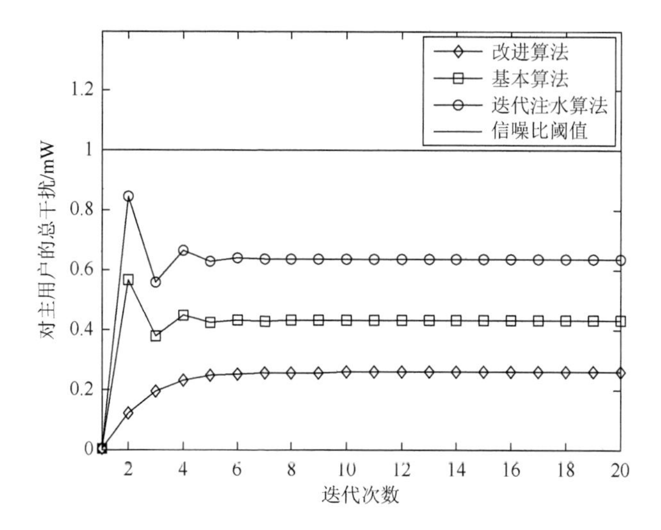


图 5.6　理想信道下次用户对主用户的总干扰

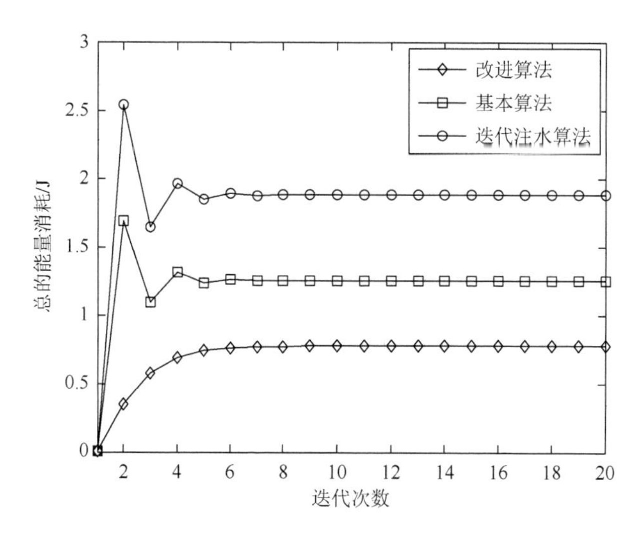


图 5.7　理想信道下次用户总的能量消耗

从图中可以看出，在基本算法、改进算法和迭代注水算法中，次用户的发射功率和信噪比均满足约束条件。具体来说，对于每个次用户，改进算法的传输功率要低于其他两种算法的传输功率。根据式（5.13），次用户的信噪比与发射功率成正比，与干扰功率成反比。然而，通过比较图 5.3 和图 5.4，以 SU3 为例，迭代注水算法的发射功率较大，而信噪比较所提出的两种算法较小，其原因是相邻信道 SU1 和 SU2 产生了更多干扰，而其抑制干扰的能力还不是很强。

从图 5.5 可看到，在改进算法中，每个次用户对主用户产生的干扰比其他算法对应的干扰要小。因此，在改进算法中次用户对主用户产生的总干扰是最小的，达到了预期的目标，如图 5.6 所示。此外，改进算法所获得的能量消耗比基本算法和迭代注水算法都要少得多，这一点可从图 5.7 中看出。从上述仿真可以得出一个结论，本章所提出的两种分布式功率控制算法的性能都优于迭代注水算法。

在实际通信系统中，有必要考虑非理想信道、估计的误差以及用户的移动性对系统的影响。从这个角度讲，在第 15 次迭代时有两个新的主用户加入上述网络，这将会增加对次用户的干扰。在第 30 次迭代时，又有两个新的次用户加入网络中，从而增加了对主用户的干扰。图 5.8～图 5.11 给出了这时的计算机仿真结果。

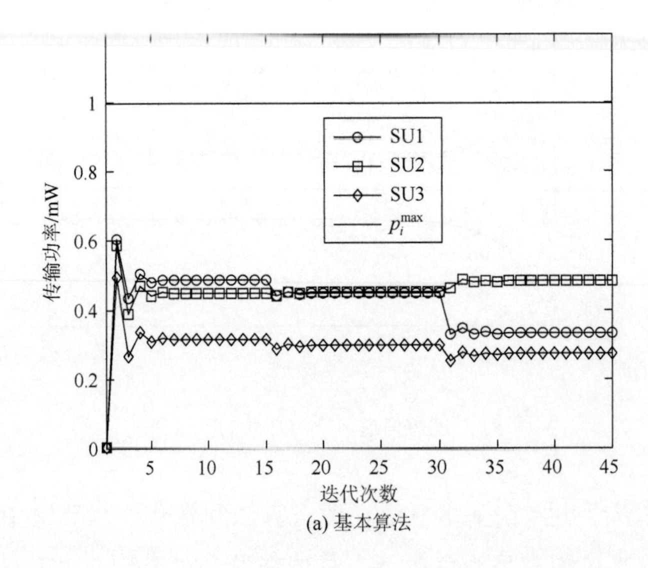

(a) 基本算法

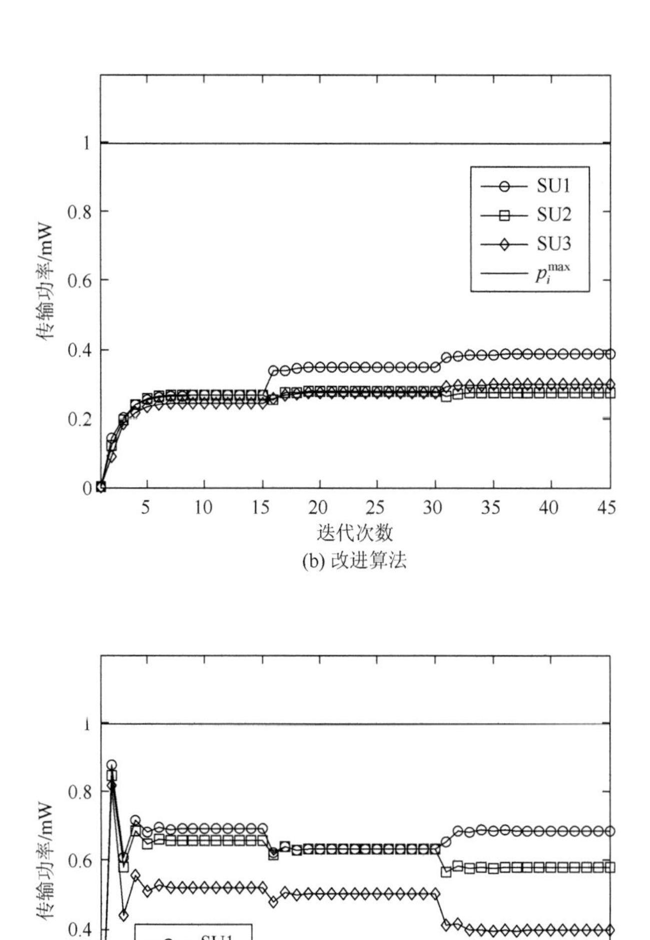


(b) 改进算法



(c) 迭代注水算法

图 5.8　非理想信道下次用户的传输功率

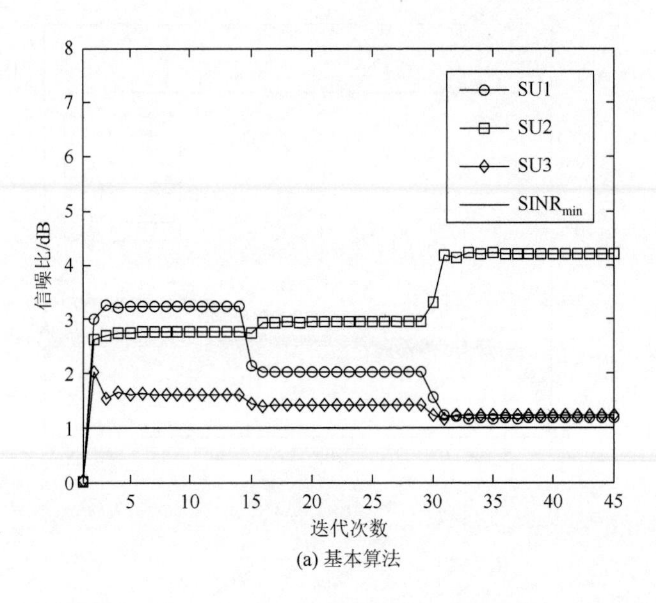

SU1
SU2
SU3
SINR$_{min}$
信噪比/dB
迭代次数
0
1
2
3
4
5
6
7
8
5
10
15
20
25
30
35
40
45


(a) 基本算法

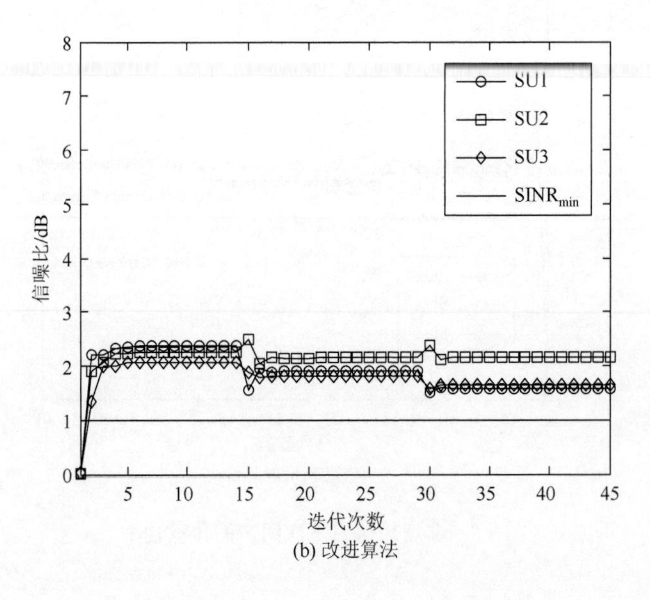

SU1
SU2
SU3
SINR$_{min}$
信噪比/dB
迭代次数
0
1
2
3
4
5
6
7
8
5
10
15
20
25
30
35
40
45


(b) 改进算法

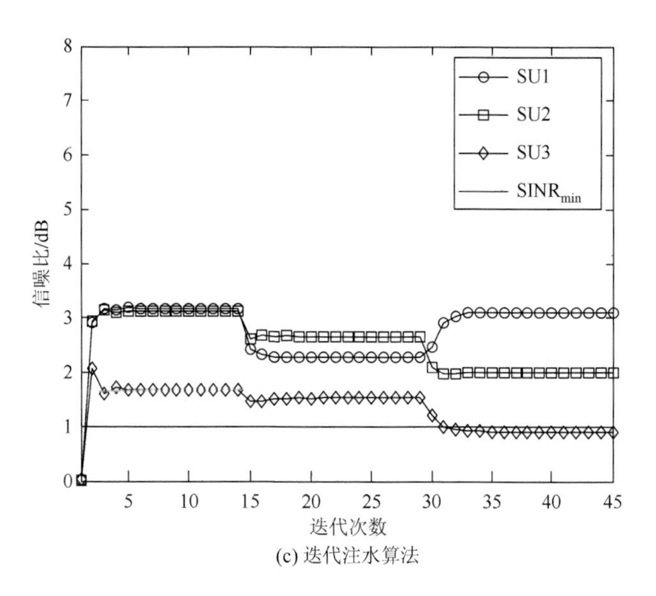


(c) 迭代注水算法

图 5.9　非理想信道下次用户的信噪比

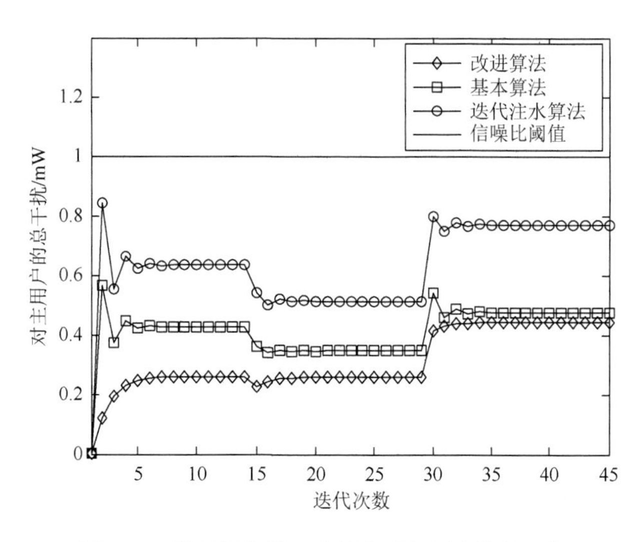


图 5.10　非理想信道下次用户对主用户的总干扰

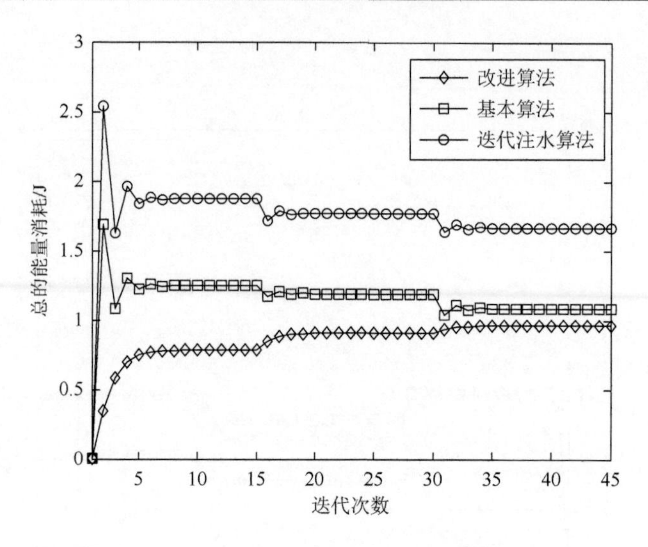


图 5.11　非理想信道下次用户的总的能量消耗

从图 5.8 中可以很明显地看出，在这三种算法中，每个次用户发送功率都低于最大的传输功率 $p_{\max}^{i}$。但当新的次用户加入网络的时候，迭代注水算法中的次用户的服务质量不能得到保证，如图 5.9（c）所示。

从图 5.10 和图 5.11 中可以明显地知道改进算法与基本算法和迭代注水算法相比较时，其次用户对主用户产生的干扰最小并且消耗最少的能量。总之，在非理想信道的情况下，改进算法具有比其他两种算法更好的性能。

### 5.5.2　基于容量的系统模型功率控制算法仿真实验与结果

本节将分布式功率控制算法（m2）与几何规划算法（m1）[10]进行性能比较。在 OFDM 下垫式网络中，考虑 3 个活跃的认知链路和 8 个子载波，每个子载波的带宽是 62.5kHz。用户的初始功率在 $(0,0.01)$ mW 中随机选择。次用户发射机的最大发射功率为 $p_{\max}^{i} = 1\text{mW}$。次用户背景噪声在 $(0.01,0.10)$ 中随机选择。仿真结果见图 5.12～图 5.16。

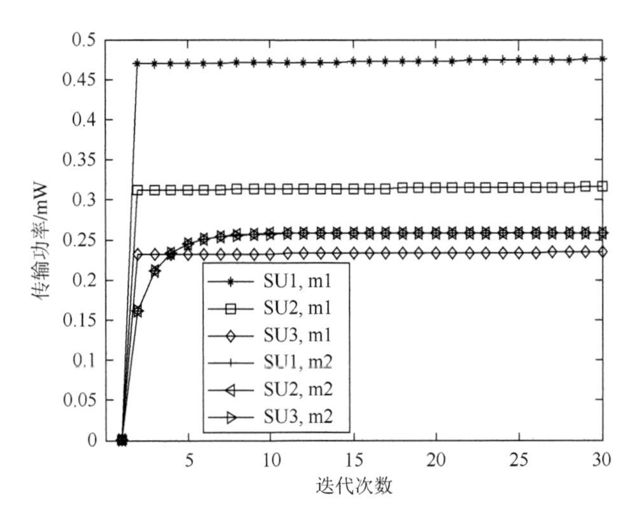


图 5.12　每个次用户的传输功率

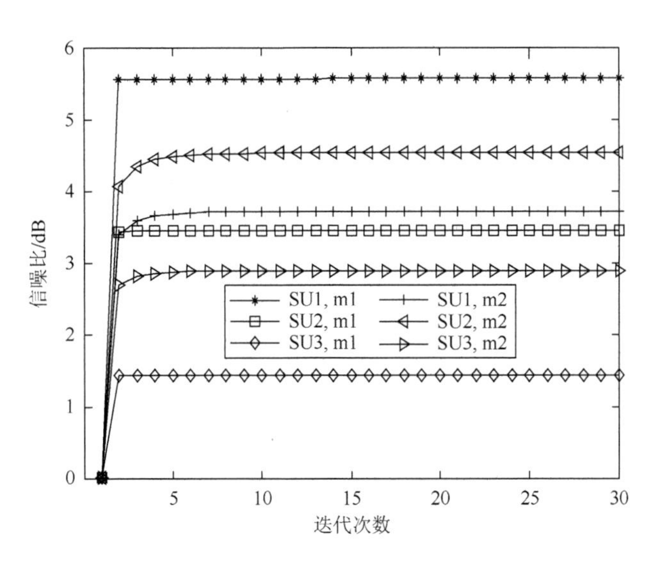


图 5.13　每个次用户的信噪比

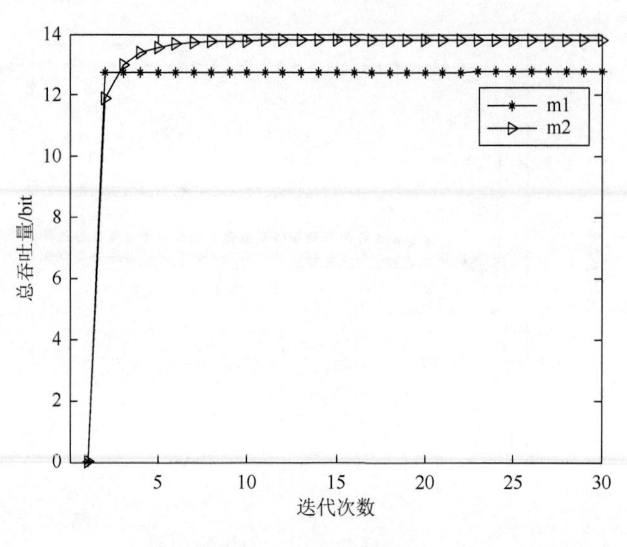


图 5.14　总吞吐量

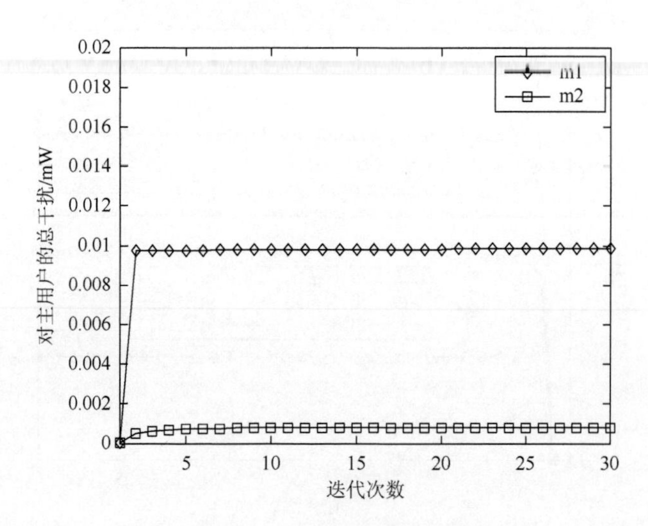


图 5.15　对主用户的总干扰

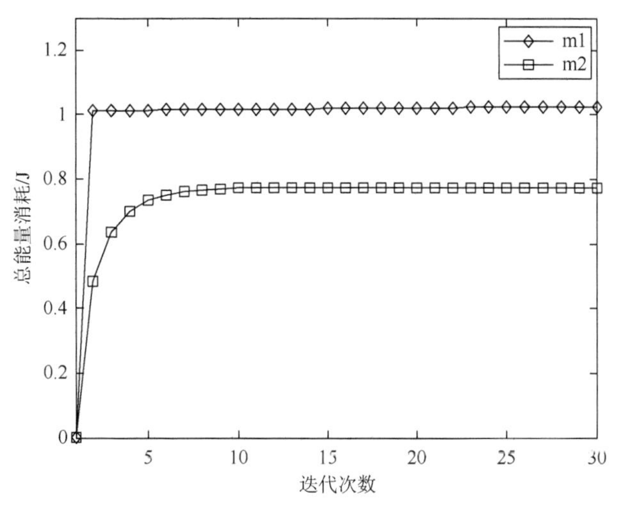


图 5.16　总的能量消耗

图 5.12、图 5.13 展示的是分布式功率控制算法（m2）和几何规划算法（m1）中每个次用户的传输功率和信噪比。从图中可以看出，在分布式功率控制算法（m2）和几何规划算法（m1）中，次用户的传输功率和信噪比均满足约束条件。通过比较分布式功率控制算法（m2）和几何规划算法（m1），m1 算法中次用户 1 的信噪比大于 m2 算法的信噪比。然而，m2 算法的总的吞吐量比 m1 算法总的吞吐量高 16.7%。仿真结果如图 5.14 所示。

根据次用户对主用户产生总的干扰小于等于主用户所能承受最大干扰的原则，在图 5.15 中，m2 算法中次用户对主用户的干扰明显小于 m1 算法。这意味着 m2 算法中次用户对主用户的干扰要小，可以更好地保证主用户的通信质量。

图 5.16 在下垫式网络中多个主用户共存的情况下，分析系统消耗能量的性能。正如我们所期望的一样，m2 算法总的能量消耗低于 m1 算法 30%。因此我们在 m2 算法中节省了能量消耗，提高了能量效率。图 5.12～图 5.16 表明，m2 算法的性能优于 m1 算法的性能。

## 5.6　小　　结

本章在简要介绍凸优化基本原理的基础上，利用该理论转换了下垫式认知无线电系统中次用户发射机对主用户接收机的最小干扰模型，这个模型主要考虑每个次用户的最小信噪比和最大传输功率的条件，进而提出了基本的分布式功率控制算法来获得最优功率。此外，为了适应动态环境和减少功率消耗，本章在此基础上又提出了改进的分布式功率控制算法，同时建立了次用户在子载波总的容量系统模型，这个模型考虑了衰落信道，引入了权重干扰温度。本章还提出了基于凸优化理论的分布式功率控制算法。最后，通过计算机数字仿真实验结果验证了本章所提的改进算法的性能优于基本分布式功率控制算法和迭代注水算法。

## 参 考 文 献


[1] Xiao Y，Bi G A，Niyato D. A simple distributed power control algorithm for cognitive radio networks[J]. IEEE Transactions on Wireless Communications，2011，10（11）：3594-3600.

[2] Nadkar T，Thumar V，Tej G P S，et al. Distributed power allocation for secondary users in a cognitive radio scenario[J]. IEEE Transactions on Wireless Communications，2012，11（4）：1576-1586.

[3] Mietzner J，Lampe L，Schober R. Distributed transmit power allocation for multihop cognitive-radio systems[J]. IEEE Transactions on Wireless Communications，2009，8（10）：5187-5201.

[4] Sun S Q，Di J X，Ni W M. Distributed power control based on convex optimization in cognitive radio networks[C]. International Conference on Wireless Communications and Signal Processing（WCSP），Shanghai，2010：1-6.

[5] Boyd S，Vansdenberghe L. Convex Optimization[M]. Cambridge：Cambridge University Press，2004.

[6] Xu Y J，Zhao X H. Optimal power allocation for multiuser underlay cognitive radio networks under QoS and interference temperature constraints[J]. China Communications，2013，10（10）：91-100.

[7] Bertesekas D P. Nonlinear Programming[M]. Belmont：Athena Scientific，1999.

[8] Palomar D P，Chiang M. A tutorial on decomposition methods for network utility maximization [J]. IEEE Journal on Selected Areas in Communications，2006，24（8）：1439-1451.

[9] Parsaeefard S，Sharafat A R. Robust worst-case interference control in underlay cognitive radio networks[J]. IEEE Transactions on Vehicular Technology，2012，61（8）：3731-3745.

[10] Chen L L，Zhao X H. Distributed power control algorithm for cognitive radio networks based on geometric programming[J]. Journal of Information and Computational Science，2014，11（13）：4747-4757.

# 第 6 章　基于几何规划的功率控制算法

## 6.1　概　　述

在认知无线电系统中，为了克服信道频率选择性衰落，应对频谱环境的动态性，分配未使用频谱的灵活性，科研工作者越来越多地关注基于 OFDM[1]认知网络的功率控制算法。在传统的 OFDM 认知系统中，文献[2]和文献[3]考虑用户总的传输功率限制条件，分别提出了一种在子载波上基于迭代注水的优化功率分配策略。文献[4]同样在 OFDM 认知系统中，考虑了子载波的可用性和对主用户产生干扰的限制性，提出了基于冒险返回模型的资源分配方法，目的是最大化次用户的吞吐量。文献[5]中引入了一种称为速率损失约束（rate loss constraint，RLC）的新标准，而不是使用传统的干扰功率约束（the conventional interference power constraint，IPC）来保护主用户。同时考虑了传输功率约束条件，推导出了基于 OFDM 的认知无线电系统实现速率最大化的功率分配方案。文献[6]中，作者考虑了保护主用户中断概率约束条件，提出基于总体效用最大化和能耗最小化的分布式算法。上述大多数功率控制方案都只考虑了主用户干扰温度的约束，提出基于认知系统容量的最大化的功率分配算法。

本章则是在认知无线电 OFDM 网络框架下，在次用户的信噪比非常大的情况下，同时考虑次用户最大传输功率约束和在每个子载波上主用户所能承受的最大干扰功率约束，提出一种基于次用户传输速率最大化的基本分布式功率控制策略。由于所形成的优化问题具有非凸性，我们采用几何规划[7]的方法把它转换成凸优化问题。为了提高每个次用户在每个子载波的数据容量，给出一种改进的分布式功率控制算法。通过计算机数字仿真对所提出两种算法的性能与迭代注水算法进行对比验证，结果表明所提出的算法性能要优于迭代注水算法。

## 6.2 几何规划原理

几何规划[7-9]是一类特殊的非线性规划，包含线性规划、二次规划、多项式规划和分式规划等。它的目标函数和约束函数都是正定多项式（或称正项式）。几何规划本身一般不是凸规划，但经适当变量替换，即可变为凸规划。

几何规划有两种形式：一种是标准形式，一种是凸形式。标准形式是一类有约束的正定多项式；凸形式则是由标准形式指数变量替换得到的[10]。下面给出它的数学描述。

定义一个单项函数：$f:\mathbb{R}^n \to \mathbb{R}$

$$g(x)=cx_1^{a^{(1)}}x_2^{a^{(2)}}\cdots x_n^{a^{(n)}} \tag{6.1}$$

式中，乘法常量$c \geqslant 0$；指数常量$a^{(i)} \in \mathbb{R}$，$i=1,2,\cdots,n$。

再定义一个多项式函数：$f:\mathbb{R}^n \to \mathbb{R}$，如果假定它是单项式的总和，它可以写为

$$f(x)=\sum_{m=1}^{M} c_m x_1^{a_m^{(1)}} x_2^{a_m^{(2)}} \cdots x_n^{a_m^{(n)}} \tag{6.2}$$

式中，$c_m \geqslant 0$，$m=1,2,\cdots,M$；$a_m^{(j)} \in R$，$j=1,2,\cdots,n$，$m=1,2,\cdots,M$。

几何规划的标准形式由最小化的多项式目标函数和多项式上限不等式约束及单项等式约束构成，可以用式（6.3）来表示：

$$\begin{aligned}&\min f_0(x)\\ &\text{s.t.}\begin{cases} f_i(x)\leqslant 1, & \forall i\in\{1,2,\cdots,N\}\\ g_l(x)=1, & \forall l\in\{1,2,\cdots,N\}\end{cases}\end{aligned} \tag{6.3}$$

式中，$f_i(x)=\sum_{m=1}^{M_i} c_{im} x_1^{a_{im}^{(1)}} x_2^{a_{im}^{(2)}} \cdots x_n^{a_{im}^{(n)}}, f_i(x)\leqslant 1, \forall i\in\{1,2,\cdots,N\}$ 是多项式；$g_l(x)= cx_1^{a_l^1} x_2^{a_l^2} \cdots x_n^{a_l^{(n)}}, \forall l\in\{1,2,\cdots,N\}$ 是单项式。

由于多项式是非凸优化问题，几何规划的标准形式是非凸的。然而，对变

量、常数和目标函数做对数的变换，可以把标准几何规划转化成凸几何规划形式，等价问题可以表示为

$$\min r_0(y)=\log_2\sum_{m=1}^{M_0}\mathrm{e}^{a_{0m}^{\mathrm{T}}y+b_{0m}}$$
$$\text{s.t.}\begin{cases}r_i(y)=\log_2\sum_{m=1}^{M_0}\mathrm{e}^{a_{im}^{\mathrm{T}}y+b_{im}}\leqslant 0, & \forall i\in\{1,2,\cdots,N\}\\ s_l(y)=a_l^{\mathrm{T}}y+b_l=0, & \forall l\in\{1,2,\cdots,N\}\end{cases} \tag{6.4}$$

式中，$b_{im}=\log_2 c_{im}$； $b_l=\log_2 c_l$; $y-(y_1,y_2,\cdots,y_n)$， $y_i=\log_2 x_i$; $a_{im}=(a_m^{(1)},a_m^{(2)},\cdots,a_m^{(n)})$。总而言之，几何规划是一类非线性非凸优化问题，它可以转化成非线性凸优化问题。

## 6.3　功率控制算法

### 6.3.1　系统模型

本节讨论一个在 OFDM 框架下由 $M$ 个次用户的发射机-接收机对和 $N$ 个子载波组成的认知无线电系统模型。次用户与主用户共享频谱，为了保证主用户的通信质量，最关键的约束是所有次用户在每个子载波上产生的干扰功率不能超过主用户在这个子载波上所能承受的干扰功率阈值，即

$$\sigma_k^i+\sum_{j=1,i=j}^{M}\alpha_k^{ij}p_k^j\leqslant p_k^{\max} \tag{6.5}$$

式中，$\sigma_k^i$ 是次用户 $i$ 在子载波 $k$ 上接收的归一化的背景噪声且 $\sigma_k^i>0$； $\alpha_k^{ij}$ 是次用户 $j$ 的发射机与次用户 $i$ 的接收机在子载波 $k$ 上的信道干扰增益；$p_k^j$ 是次用户 $j$ 在子载波 $k$ 上的发射功率； $p_k^{\max}$ 是主用户在子载波 $k$ 上所能忍受的最大干扰功率。

在子载波 $k$ 上，次用户 $i$ 的接收机与发射机之间的归一化的信道干扰增益是 1，即 $\alpha_k^{ii}=1$。式（6.5）等价于：

$$\sigma_k^i + \sum_{j=1, i \neq j}^{M} \alpha_k^{ij} p_k^j + p_k^i \leqslant p_k^{\max} \tag{6.6}$$

式中，$p_k^i$ 是次用户 $i$ 在子载波 $k$ 上的发射功率。次用户 $i$ 在子载波 $k$ 上受到其他次用户的干扰与噪声定义为

$$I_k^i = \sigma_k^i + \sum_{j=1, i \neq j}^{M} \alpha_k^{ij} p_k^j \tag{6.7}$$

那么式（6.6）改写成如下形式：

$$I_k^i + p_k^i \leqslant p_k^{\max} \tag{6.8}$$

为了确保每个次用户的服务质量，令次用户 $i$ 的接收机在子载波 $k$ 上的信噪比 $\gamma_k^i$ 远远大于 0dB。当扩频增益很大的时候，这种近似是合理的。因此有

$$\log_2(\gamma_k^i) = \log_2\left(\frac{p_k^i}{I_k^i}\right) >> 0 \tag{6.9}$$

式中

$$\gamma_k^i = \frac{p_k^i \alpha_k^{ii}}{I_k^i} = \frac{p_k^i}{I_k^i} \tag{6.10}$$

对每个次用户发射机而言，次用户的发射功率不能超过其自身允许最大功率，即

$$\sum_{k=1}^{N} p_k^i \leqslant p_{\max}^i \tag{6.11}$$

式中，$p_{\max}^i$ 是次用户 $i$ 的最大发射功率。

我们的目标是最大化各个次用户的传输速率，同时满足主用户干扰功率约束式（6.8）、次用户大信噪比情况下的式（6.10）和次用户自身发射功率范围约束式（6.11）。那么功率分配的数学模型如下：

$$\max \sum_{k=1}^{N} \log_2\left(1+\frac{p_k^i}{I_k^i}\right)$$
$$\text{s.t.}\begin{cases} p_k^i + I_k^i \leqslant p_k^{\max} \\ \log_2\left(\dfrac{p_k^i}{I_k^i}\right) >> 0 \\ \displaystyle\sum_{k=1}^{N} p_k^i \leqslant p_{\max}^i \end{cases} \tag{6.12}$$

因为 $\log_2\left(\dfrac{p_k^i}{I_k^i}\right) >> 0$，那么 $\dfrac{p_k^i}{I_k^i} >> 1$。目标函数 $\sum_{k=1}^{N}\log_2\left(1+\dfrac{p_k^i}{I_k^i}\right)$ 近似等于 $\sum_{k=1}^{N}\log_2\left(\dfrac{p_k^i}{I_k^i}\right)=\log_2\left(\prod_{k=1}^{N}\dfrac{p_k^i}{I_k^i}\right)$。因此式（6.12）可以改写成

$$\max \log_2\left(\prod_{k=1}^{N}\frac{p_k^i}{I_k^i}\right)$$
$$\text{s.t.}\begin{cases} p_k^i + I_k^i \leqslant p_k^{\max} \\ \displaystyle\sum_{k=1}^{N} p_k^i \leqslant p_{\max}^i \end{cases} \tag{6.13}$$

显然式（6.13）是一个非凸优化问题。

### 6.3.2　标准几何规划算法的优化数学模型

根据几何规划理论，我们可以把式（6.13）转换成标准的几何形式：

$$\min \sum_{k=1}^{N} \log_2\left(\frac{I_k^i}{p_k^i}\right)$$
$$\text{s.t.}\begin{cases} \dfrac{p_k^i + I_k^i}{p_k^{\max}} \leqslant 1 \\ \dfrac{\sum_{k=1}^{N} p_k^i}{p_{\max}^i} \leqslant 1 \end{cases} \tag{6.14}$$

假设每个次用户的接收机有能力估计子载波 $k$ 上的其他次用户发射机产生的干扰，它可以被描述为

$$\phi_k^i = \sum_{j=1,i\neq j}^{M} \alpha_k^{ij} p_k^j \tag{6.15}$$

式中，$\phi_k^i$ 是辅助变量。

通过引入两个辅助变量 $\hat{\phi}_k^i = \log_2 \phi_k^i$ 和 $\hat{p}_k^i = \log_2 p_k^i$，有 $\exp(\hat{\phi}_k^i) = \sum_{j=1,i\neq j}^{M} \alpha_k^{ij} p_k^j$ 和 $\exp(\hat{p}_k^i) = p_k^i$。因此式（6.13）改写成凸几何规划形式：

$$\begin{aligned}
&\min \sum_{k=1}^{N} \log_2(\exp(-\hat{p}_k^i)(\sigma_k^i + \exp(\hat{\phi}_k^i))) \\
&\text{s.t.} \begin{cases} \exp(\hat{p}_k^i) + \sigma_k^i + \exp(\hat{\phi}_k^i) - p_k^{\max} \leqslant 0 \\ \sum_{k=1}^{N} \exp(\hat{p}_k^i) - p_{\max}^i \leqslant 0 \\ \sum_{j=1,i\neq j}^{M} \alpha_k^{ij} \exp(\hat{p}_k^i) - \exp(\hat{\phi}_k^i) = 0 \end{cases}
\end{aligned} \tag{6.16}$$

### 6.3.3 标准几何规划算法的功率分配

根据拉格朗日乘子算法，运用拉格朗日函数定义，把式（6.16）写为

$$\begin{aligned}
L^i(\{\hat{p}_k^i\},\{\hat{\phi}_k^i\},\mu^i,\{v_k^i\},\{\gamma_k^{ij}\}) = &\sum_{k=1}^{N} \log_2(\exp(-\hat{p}_k^i)(\sigma_k^i + \exp(\hat{\phi}_k^i))) + \mu^i \left( \sum_{k=1}^{N} \exp(\hat{p}_k^i) - p_{\max}^i \right) \\
&+ \sum_{k=1}^{N} v_k^i (\exp(\hat{p}_k^i) + \sigma_k^i + \exp(\hat{\phi}_k^i) - p_k^{\max}) \\
&+ \sum_{k=1}^{N} \gamma_k^{ij} \left( \sum_{j=1,i\neq j}^{M} \alpha_k^{ij} \exp(\hat{p}_k^i) - \exp(\hat{\phi}_k^i) \right)
\end{aligned} \tag{6.17}$$

我们应用拉格朗日对偶约束分解的方法，构建次梯度迭代算法去解决对偶问题。式（6.16）的对偶函数为

$$\psi(\mu^i,\{v_k^i\},\{\gamma_k^{ij}\})=\sum_{k=1}^{N}\min L_k^i(\hat{p}_k^i,\hat{\phi}_k^i,\mu^i,v_k^i,\{\gamma_k^{ij}\})-\mu^i p_{\max}^i-\sum_{k=1}^{N}v_k^i p_k^{\max} \tag{6.18}$$

式中

$$\begin{aligned}L_k^i(\hat{p}_k^i,\hat{\phi}_k^i,\mu^i,v_k^i,\{\gamma_k^{ij}\})=&\log_2(\exp(-\hat{p}_k^i)(\sigma_k^i+\exp(\hat{\phi}_k^i))+\mu^i\exp(\hat{p}_k^i))\\&+v_k^i(\exp(\hat{p}_k^i)+\sigma_k^i+\exp(\hat{\phi}_k^i))\\&+\sum_{j=1,i\neq j}^{M}(\gamma_k^{ji}\alpha_k^{ji}\exp(\hat{p}_k^i)-\gamma_k^{ij}\exp(\hat{\phi}_k^i))\end{aligned} \tag{6.19}$$

式（6.16）的对偶问题为

$$\begin{aligned}&\max\ \psi(\mu^i,\{v_k^i\},\{\gamma_k^{ij}\})\\&\text{s.t. }\mu^i\geqslant 0,v_k^i\geqslant 0,\forall k\end{aligned} \tag{6.20}$$

为了获得每个次用户在子载波 $k$ 上的最优功率，使用如下公式：

$$\frac{\partial L_k^i(\hat{p}_k^i,\hat{\phi}_k^i,\mu^i,v_k^i,\{\gamma_k^{ij}\})}{\partial\hat{p}_k^i}=0 \tag{6.21}$$

那么最优功率的解为

$$p_k^{i*}=\exp(\hat{p}_k^i)=\frac{1}{\mu^i+v_k^i+\sum\limits_{j=1,i\neq j}^{M}\gamma_k^{ji}\alpha_k^{ji}} \tag{6.22}$$

通过次梯度迭代算法来更新拉格朗日乘子并进行一致性评价，可得

$$\mu^i(t+1)=\left[\mu^i(t)+\alpha(t)\left(\sum_{k=1}^{N}\exp(\hat{p}_k^i)-p_{\max}^i\right)\right]^+ \tag{6.23}$$

$$v_k^i(t+1)=\left[v_k^i(t)+\beta(t)(\exp(\hat{p}_k^i)+\sigma_k^i+\exp(\hat{\phi}_k^i)-p_k^{\max})\right]^+ \tag{6.24}$$

$$\gamma_k^{ij}(t+1)=\left[\gamma_k^{ij}(t)+\eta(t)\left(\sum_{j=1,i\neq j}^{M}\alpha_k^{ij}\exp(\hat{p}_k^j)-\exp(\hat{\phi}_k^i)\right)\right]^+ \tag{6.25}$$

式中，$[x]^+=\max\{x,0\}$；$t$ 是迭代次数；正数 $\alpha(t)$、$\beta(t)$、$\eta(t)$ 是步长。根据 KKT 条件，辅助变量 $\phi_k^i$ 可以通过如下方程获得：

$$\frac{\partial L_k^i(\hat{p}_k^i,\hat{\phi}_k^i,\mu^i,v_k^i,\{\gamma_k^{ij}\})}{\partial\hat{\phi}_k^i}=0 \tag{6.26}$$

那么它的解是

$$\exp(\hat{\phi}_k^i)=\frac{1}{-v_k^i+\gamma_k^{ij}}-\sigma_k^i \tag{6.27}$$

基于标准的几何规划算法的认知系统功率分配算法，具体步骤如下。

（1）初始化：令 $t=0$，$I_k^i(0)>0$，$0\leqslant p_k^i(0)\leqslant p_{\max}^i$，$p_{\max}^i\geqslant 0$，$\mu^i>0$，$v_k^i>0$，$\gamma_k^{ij}>0$，$\alpha_k^{ij}>0$，$\forall i$，$\forall k$。

（2）测量：次用户 $j$ 发射机和次用户 $i$ 接收机之间在子载波 $k$ 上的干扰增益和次用户 $i$ 在子载波 $k$ 上的背景噪声功率。

（3）计算：$\exp(\hat{\phi}_k^i(t+1))=\dfrac{1}{-v_k^i(t)+\gamma_k^{ij}(t)}-\sigma_k^i$ 和 $p_k^{i*}(t+1)=\dfrac{1}{\mu^i(t)+v_k^i(t)+\sum\limits_{j=1,i\neq j}^{M}\gamma_k^{ji}(t)\alpha_k^{ji}}$。

（4）更新：利用式（6.23）～式（6.25）更新拉格朗日乘子并进行一致性评价。

（5）返回：转到步骤（2）。

（6）输出：全局最优解 $p_k^{i*}$。

### 6.3.4　提高几何规划算法的优化数学模型

为了确保主用户在每个子载波的服务质量且减少迭代次数，提高几何规划算法的主要思想是把次用户 $i$ 在子载波 $k$ 上的最大传输功率平均分成 $N$ 份，其中 $N$ 是认知无线电网络中次用户的数量。每个次用户在子载波 $k$ 上的传输功率确保不能超过 $p_{\max}^i/N$。因此式（6.13）可以改写成如下形式：

$$
\max \log_2\left(\prod_{k=1}^{N}\frac{p_k^i}{I_k^i}\right)
$$
$$
\text{s.t.}\begin{cases} p_k^i + I_k^i \leqslant p_k^{\max} \\ p_k^i \leqslant p_{\max}^i / N \end{cases} \tag{6.28}
$$

根据几何规划理论，引入三个辅助变量 $\hat{\phi}_k^i = \log_2 \phi_k^i$，$\phi_k^i = \sum_{j=1,i\neq j}^{M} \alpha_k^{ij} p_k^j$ 和 $\hat{p}_k^i = \log_2 p_k^i$，有 $\exp(\hat{\phi}_k^i) = \sum_{j=1,i\neq j}^{M} \alpha_k^{ij} p_k^j$ 和 $\exp(\hat{p}_k^i) = p_k^i$。因此式（6.28）变成

$$
\min \sum_{k=1}^{N} \log_2(\exp(-\hat{p}_k^i)(\sigma_k^i + \exp(\hat{\phi}_k^i)))
$$
$$
\text{s.t.}\begin{cases} \exp(\hat{p}_k^i) + \sigma_k^i + \exp(\hat{\phi}_k^i) - p_k^{\max} \leqslant 0 \\ \exp(\hat{p}_k^i) - p_{\max}^i / N \leqslant 0 \\ \sum_{j=1,i\neq j}^{M} \alpha_k^{ij} \exp(\hat{p}_k^j) - \exp(\hat{\phi}_k^i) = 0 \end{cases} \tag{6.29}
$$

### 6.3.5　提高几何规划算法的功率分配

与 6.3.3 节功率分配的算法步骤相同，仍然是根据拉格朗日乘子算法，把式（6.29）写成如下形式：

$$
\begin{aligned}
L_k^i(\hat{p}_k^i, \hat{\phi}_k^i, \mu_k^i, v_k^i, \{\gamma_k^{ij}\}) = {} & \log_2(\exp(-\hat{p}_k^i)(\sigma_k^i + \exp(\hat{\phi}_k^i))) + \mu_k^i \exp(\hat{p}_k^i) \\
& + v_k^i(\exp(\hat{p}_k^i) + \sigma_k^i + \exp(\hat{\phi}_k^i)) \\
& + \sum_{j=1,i\neq j}^{M} (\gamma_k^{ji} \alpha_k^{ji} \exp(\hat{p}_k^i) - \gamma_k^{ij} \exp(\hat{\phi}_k^i))
\end{aligned} \tag{6.30}
$$

式（6.29）的对偶函数为

$$
\psi(\{\mu_k^i\}, \{v_k^i\}, \{\gamma_k^{ij}\}) = \sum_{k=1}^{N} \min L_k^i(\hat{p}_k^i, \hat{\phi}_k^i, \mu_k^i, v_k^i, \{\gamma_k^{ij}\}) - \sum_{k=1}^{N} \left[ \mu_k^i (p_{\max}^i / N) + v_k^i p_k^{\max} \right] \tag{6.31}
$$

式中

$$L_k^i(\hat{p}_k^i,\hat{\phi}_k^i,\mu_k^i,v_k^i,\{\gamma_k^{ij}\})=\log_2(\exp(-\hat{p}_k^i)(\sigma_k^i+\exp(\hat{\phi}_k^i)))+\mu_k^i\exp(\hat{p}_k^i) \\ +v_k^i(\exp(\hat{p}_k^i)+\sigma_k^i+\exp(\hat{\phi}_k^i)) \\ +\sum_{j=1,i\neq j}^{M}(\gamma_k^{ji}\alpha_k^{ji}\exp(\hat{p}_k^i)-\gamma_k^{ij}\exp(\hat{\phi}_k^i)) \tag{6.32}$$

式（6.29）的对偶问题为

$$\begin{aligned}&\max\psi(\{\mu_k^i\},\{v_k^i\},\{\gamma_k^{ij}\})\\&\text{s.t. }\mu_k^i\geqslant 0,\ v_k^i\geqslant 0,\ \gamma_k^{ij}\geqslant 0,\ \forall k\end{aligned} \tag{6.33}$$

为了获得式（6.29）的最优功率，用如下方程获得：

$$\frac{\partial L_k^i(\hat{p}_k^i,\hat{\phi}_k^i,\mu_k^i,v_k^i,\{\gamma_k^{ij}\})}{\partial\hat{p}_k^i}=0 \tag{6.34}$$

即最优功率的解为

$$p_k^{i*}=\exp(\hat{p}_k^i)=\frac{1}{\mu^i+v_k^i+\sum\limits_{j=1,i\neq j}^{M}\gamma_k^{ji}\alpha_k^{ji}} \tag{6.35}$$

通过次梯度迭代算法来更新拉格朗日乘子并进行一致性评价。与基本算法相比，$v_k^i(t+1)$ 和 $\gamma_k^{ij}(t+1)$ 与式（6.24）和式（6.25）相同，唯一不同的是 $\mu_k^i(t+1)$，如下：

$$\mu_k^i(t+1)=\left[\mu_k^i(t)+\alpha(t)(\exp(\hat{p}_k^i)-p_{\max}^i/N)\right]^+ \tag{6.36}$$

基于提高几何规划算法的认知系统功率分配算法，具体步骤如下。

（1）初始化：令 $t=0$，$I_k^i(0)>0$，$0\leqslant p_k^i(0)\leqslant p_{\max}^i$，$p_{\max}^i\geqslant 0$，$\mu^i>0$，$v_k^i>0$，$\gamma_k^{ij}>0$，$\alpha_k^{ij}>0$，$\forall i$，$\forall k$。

（2）测量：次用户 $j$ 发射机和次用户 $i$ 接收机之间在子载波 $k$ 上的干扰增益和次用户 $i$ 在子载波 $k$ 上的背景噪声功率。

（3）计算：$p_k^{i*}(t+1)=\dfrac{1}{\mu_k^i(t)+v_k^i(t)+\sum\limits_{j=1,i\neq j}^{M}\gamma_k^{ji}(t)\alpha_k^{ji}}$。

（4）更新：利用式（6.23）、式（6.24）和式（6.36）更新拉格朗日乘子和一致性评价。

（5）返回：转到步骤（2）。

（6）输出：全局最优解 $p_k^{i*}$。

## 6.4　仿真实验与结果分析

本节给出计算机数字仿真实验结果来比较几何规划算法（包括基本算法和提高算法）和迭代注水算法在满足主用户和次用户在每个子载波上传输功率范围约束下的性能，同时比较不同场景中所提出的提高几何规划算法（简称提高算法）的性能。

本节中仿真参数如下：假设有 3 个 $(M=3)$ 活跃的次用户，有 3 个 $(N=3)$ OFDM 子载波。次用户的发射功率的初始值为 $p_k^0=10^{-3}\text{rand}(M,1)$。每个次用户在每个子载波上的最大允许干扰功率和每个次用户的最大发射功率都设置为 1mW，即 $p_k^{\max}=1\text{mW}$ 和 $p_{\max}^i=1\text{mW}$。背景噪声 $\sigma_k^i$ 和干扰增益 $\alpha_k^{ij}$ 分别从区间 $(0,0.1)$ 和 $(0,1)$ 中随机选取。仿真结果如图 6.1～图 6.6 所示。

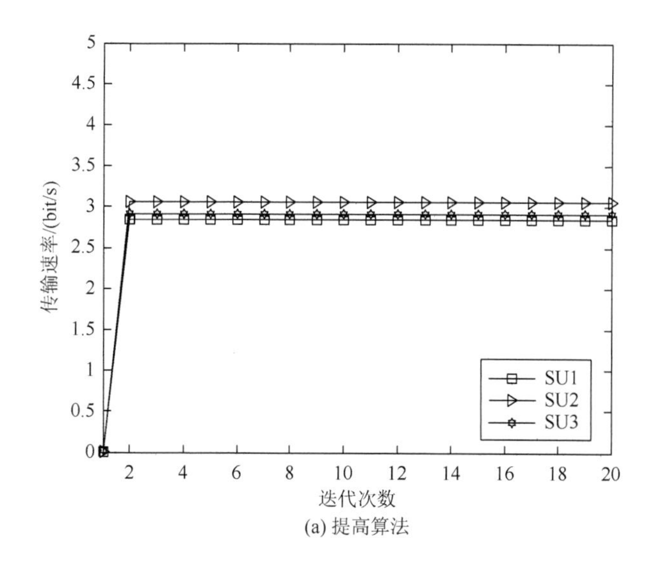


(a) 提高算法

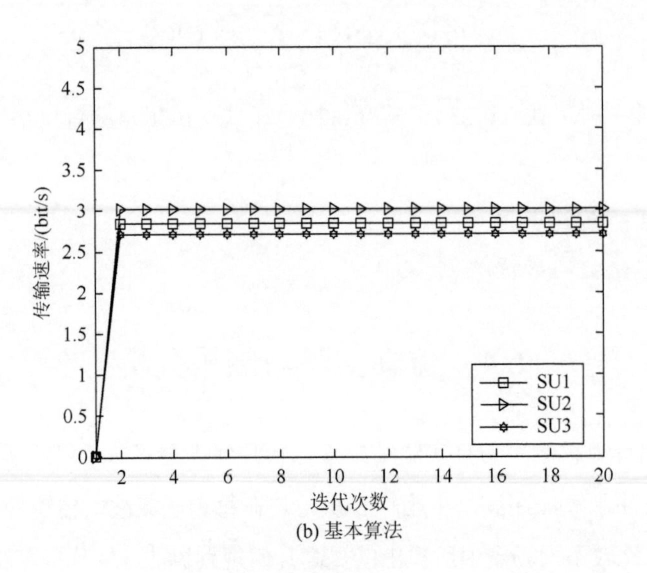


(b) 基本算法

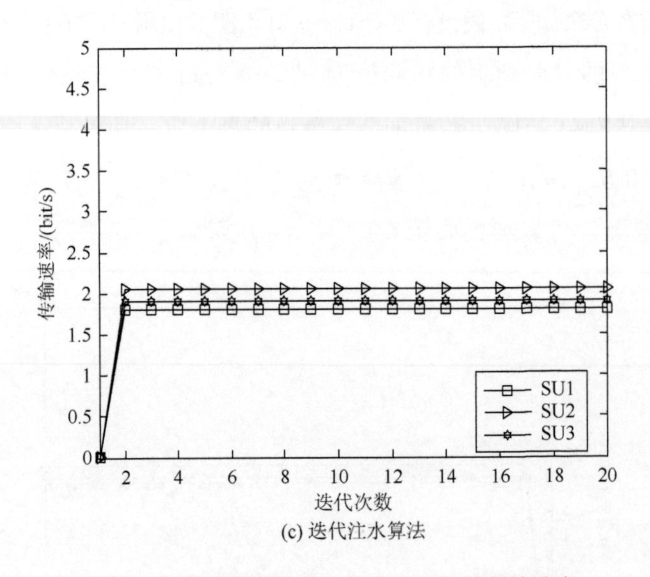


(c) 迭代注水算法

图 6.1　在三种不同算法中每个次用户的传输速率

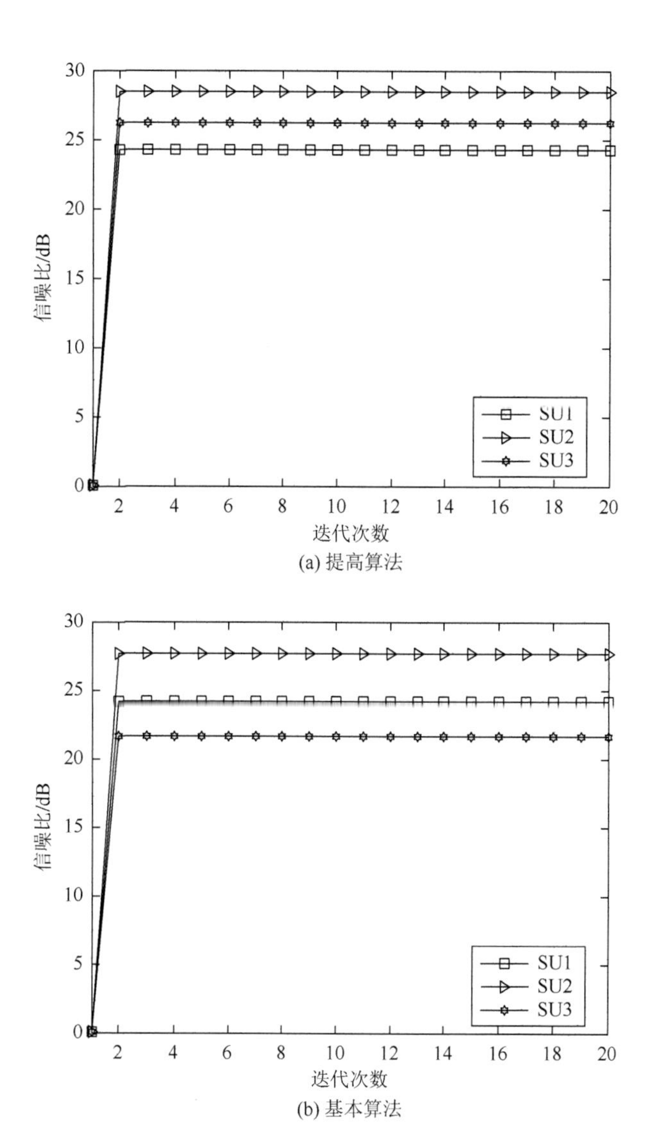
30
25
20
15
10
5
0
信噪比/dB
2
4
6
8
10
12
14
16
18
20
迭代次数
SU1
SU2
SU3
(a) 提高算法

30
25
20
15
10
5
0
信噪比/dB
2
4
6
8
10
12
14
16
18
20
迭代次数
SU1
SU2
SU3
(b) 基本算法

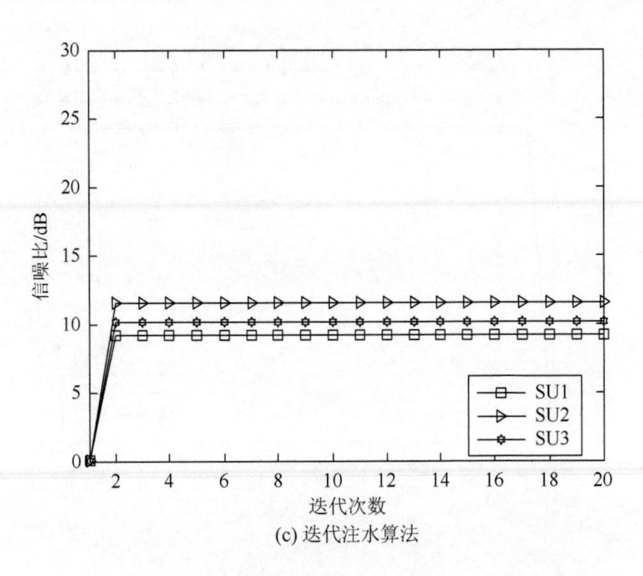


(c) 迭代注水算法

图 6.2　在三种不同算法中每个次用户的信噪比

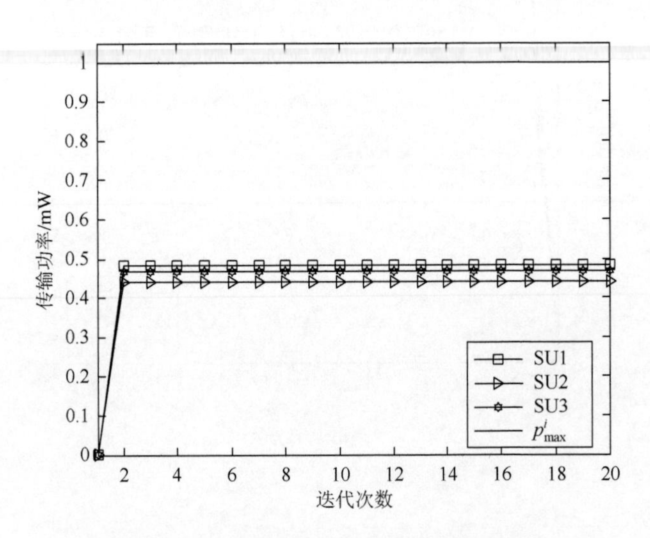


图 6.3　提高算法中每个次用户的发射功率

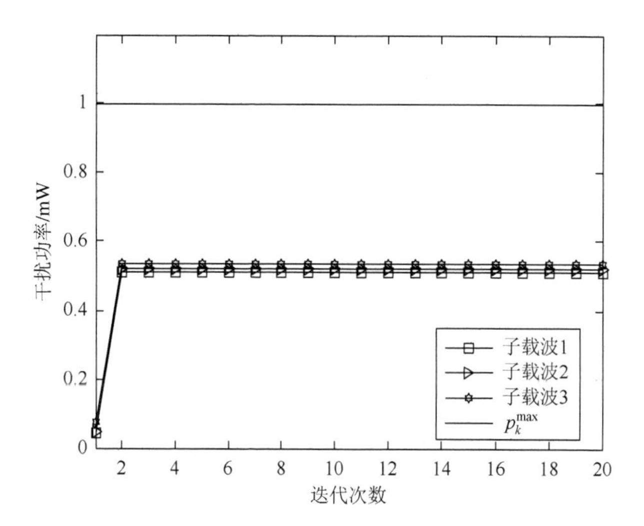


图 6.4　提高算法中每个子载波的干扰功率

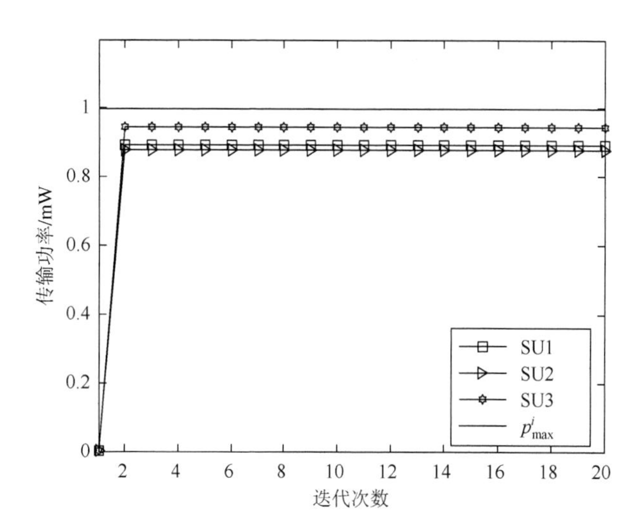


图 6.5　提高算法中每个次用户的发射功率（干扰功率达到最大）

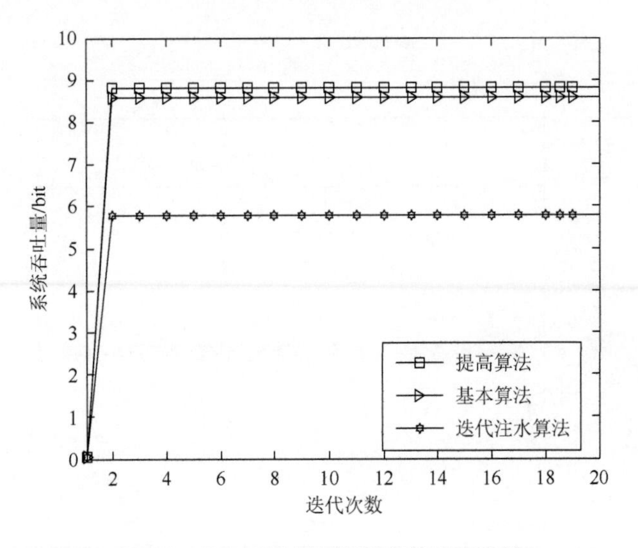


图 6.6　没有主用户时次用户的总吞吐量

通过比较图 6.1（a）～图 6.1（c），可以清楚地看到在基本算法和提高算法中每个次用户的传输速率要大于在迭代注水算法中的每个次用户的传输速率，尤其是在提高算法中，次用户 3 的传输速率明显高于基本算法和迭代注水算法中的传输速率。根据式（6.12），我们知道每个次用户的传输速率正比于信噪比。如图 6.2（a）～图 6.2（c）所示，在提高算法中每个次用户的信噪比远远高于迭代注水算法中的每个次用户的信噪比，也优于基本算法中每个次用户的信噪比，从而说明提高算法提高了每个次用户的服务质量。综上所述，提高算法的性能优于其他两种算法。

从图 6.3 中可以注意到在提高算法中每个次用户的功率低于每个次用户所允许的最大传输功率。

图 6.4 中的实线表示主用户所允许的最大干扰功率，即 1mW。从图 6.4 可以观察到在提高算法中，每个子载波的干扰功率低于主用户所允许的最大干扰功率，从而确保了主用户的服务质量。

图 6.5 给出了当实际在每个子载波干扰功率达到最大值，且次用户的功率预算为 1mW 时，提高算法中每个次用户在所有子载波的发射功率的情况。比较图 6.3 和图 6.5，会发现每个次用户的发射功率会随着实际干扰功率的增加而增加，因为要保证次用户的通信质量，必须发射更大的功率才能抵抗更大的干扰。

在上述认知无线电网络中考虑三个次用户和潜在的三个可用的子载波，当主用户的数量由 0 增加到 3，并且与次用户共享三个子载波时，仿真结果如图 6.6～图 6.9 所示。

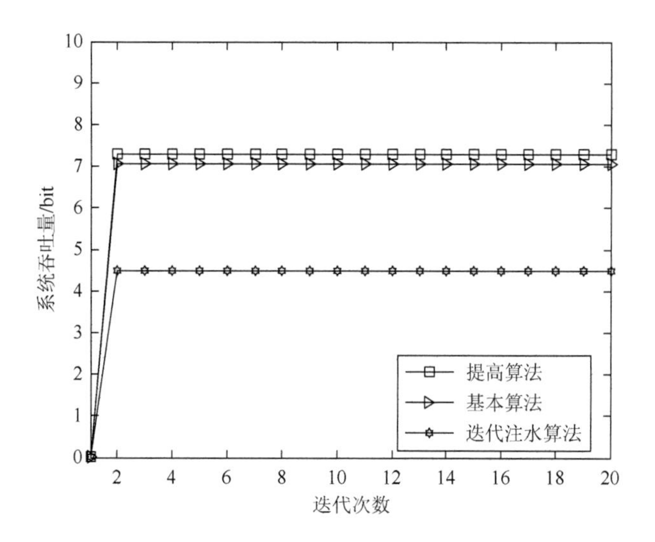


图 6.7　一个主用户存在时次用户的总吞吐量

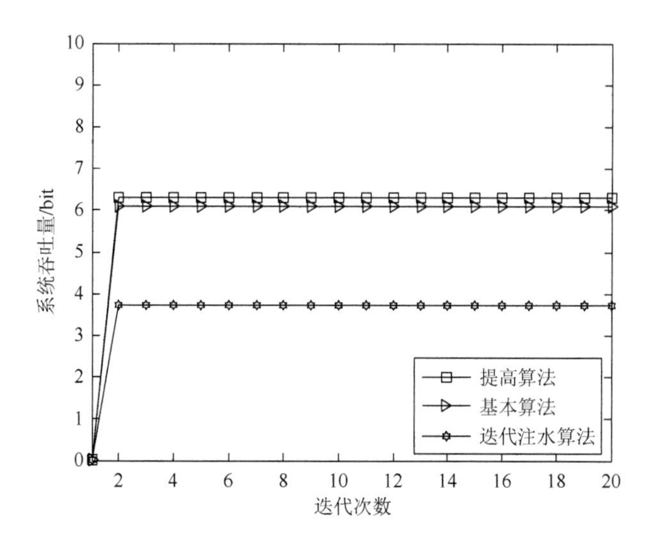


图 6.8　两个主用户存在时次用户的总吞吐量

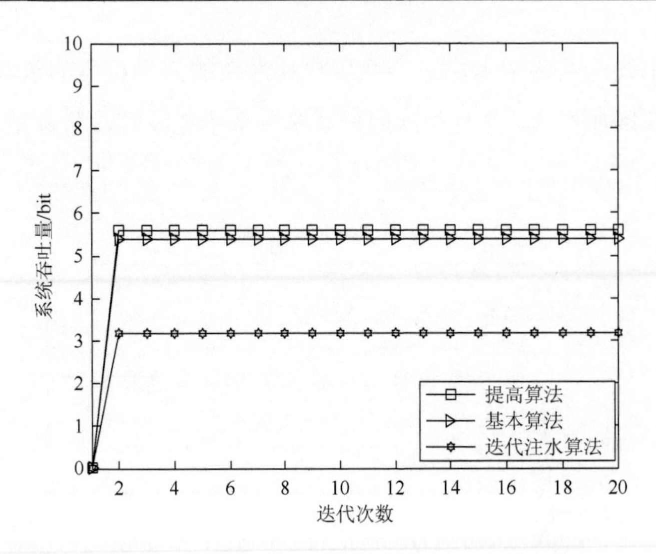


图 6.9　三个主用户存在时次用户的总吞吐量

比较图 6.6～图 6.9，随着主用户数量的增多，次用户总的吞吐量会不断减少。次用户总的吞吐量下降最严重的是迭代注水算法，其次是基本算法，再次是提高算法，反映了本章所提的算法性能具有很大的优越性。

## 6.5　小　　结

本章在简要概述几何规划的基本理论的基础上，研究了基于 OFDM 框架的认知无线电功率控制问题。在大信噪比的情况下，我们的优化目标是最大化每个次用户的传输速率，同时满足次用户的传输功率范围和在每个子载波上主用户所允许的最大干扰功率的两个约束条件。本章给出了两种分布式功率控制算法，即基本算法和提高算法。通过几何规划把模型转换成凸优化问题，最后，采用拉格朗日乘子法获得系统最优功率。仿真结果表明，这两种算法都可以提高每个次用户的传输速率，满足主、次用户的传输质量，且性能优于传统的迭代注水算法。

### 参 考 文 献

[1] Mahmoud H A，Yücek T，Arslan H. OFDM for cognitive radio：Merits and challenges[J]. IEEE Wireless Communications，2009，16（2）：6-15.

[2] Tseand D，Viswanath P. Fundamentals of Wireless Communication[M]. Cambridge：Cambridge

University Press，2005.

[3] Jang J，Lee K B.Transmit power adaptation for multiuser OFDM systems[J]. IEEE Journal on Selected Areas in Communications，2003，21（2）：171-178.

[4] Hasan Z，Bansal G，Hossain E，et al. Energy-efficient power allocation in OFDM-based cognitive radio systems：A risk-return model[J]. IEEE Transactions on Wireless Communications，2009，8（12）：6078-6088.

[5] Kang X，Garg H K，Liang Y C，et al. Optimal power allocation for OFDM-based cognitive radio with new primary transmission protection criteria[J]. IEEE Transactions on Wireless Communications，2010，9（6）：2066-2075.

[6] Nguyen M V，Hong C S，Lee S. Cross-layer optimization for congestion and power control in OFDM-Based multi-hop cognitive radio networks[J]. IEEE Transactions on Communications，2012，60（8）：2101-2112.

[7] Bertesekas D P. Nonlinear Programming[M]. Belmont：Athena Scientific，1999.

[8] Palomar D P，Chiang M. A tutorial on decomposition methods for network utility maximization[J]. IEEE Journal on Selected Areas in Communications，2006，24（8）：1439-1451.

[9] Parsaeefard S，Sharafat A R. Robust worst-case interference control in underlay cognitive radio networks[J]. IEEE Transactions on Vehicular Technology，2012，61（8）：3731-3745.

[10] Chiang M，Tan C W，Palomar D P，et al. Power control by geometric programming[J]. IEEE Transactions on Wireless Communications，2007，6（7）：2640-2651.

# 第 7 章　基于概率鲁棒的功率控制算法

## 7.1　概　　述

功率控制作为认知无线电资源分配中的一项重要技术，已被许多学者研究。近年来涌现了许多关于功率控制的研究成果。Yang 等利用博弈论的方法分配功率，以达到认知系统资源利用效率最大化的目的[1]。Jalaeian 等利用主用户的中断概率约束和几何规划方法以使次用户的传输速率最大[2]。Kang 等利用峰值功率和主用户中断概率约束，最大化次用户的容量[3]。这些方法都假定认知网络为理想网络，都没有考虑不确定性对用户通信质量的影响。在实际认知网络中，主用户与次用户没有协作，主用户可以随时随地进入或离开系统，信道参数的随机扰动、估计误差等这些不确定性都会影响次用户的通信质量。因此，寻求一种在不确性情况下还能进行正常通信的鲁棒功率控制算法变得尤为重要。

本章在 OFDM 网络框架下提出一种基于概率鲁棒的认知无线电功率控制算法，它考虑了接收机反馈给发射机的干扰与噪声的不确定性，将其转换成次用户在子载波传输速率的概率约束条件；同时考虑了次用户的自身发射功率约束和主用户的干扰温度约束，以便获得次用户的最大传输速率。我们假设量化噪声与干扰的误差服从均匀分布，这样可以把概率约束条件转化为确定性形式。通过拉格朗日算法获得最优的功率。通过仿真实验验证了我们所提出的概率鲁棒算法优于基于干扰增益最坏情况算法和在完美信道中不考虑量化干扰误差的非鲁棒算法的性能。

## 7.2　鲁棒优化的基本原理

鲁棒优化[4]是一种可以处理基于集合的不确定数据的优化方法。该方法的发展主要集中在两个方面：一是不确定集的模型；另一个是计算的可行性问题。目前鲁棒优化方法已从 Soyster 提出的保守的鲁棒方法[4,5]发展到以 Engels 为首的新的鲁棒优化方法[6]。新的鲁棒方法更易于计算，更符合实际问题的需要。目前，鲁棒优化方法已广泛应用在经济学、控制工程和智能优化等领域。下面用数学语言具体描述鲁棒优化问题的过程。

从数学的角度而言，不确定性的优化问题可以描述为

$$\min f(x)$$
$$\text{s.t.}\begin{cases} g_i(x,\delta)\leqslant 0, & i=1,2,\cdots,I \quad \text{(a)} \\ h_j(x)=0, & j=1,2,\cdots,J \quad \text{(b)} \end{cases} \tag{7.1}$$

式中，$f(x)$ 是线性目标函数；（a）和（b）表示一系列不等式和等式约束；$\delta$ 表示不确定参数，它属于不确定的有界集合 $u$。如果 $f(x)$ 是非线性目标函数，则引入一个新的变量 $\eta$，那么式（7.1）就转换成如下形式：

$$\min \eta$$
$$\text{s.t.}\begin{cases} g_i(x,\delta)\leqslant 0, & i=1,2,\cdots,I \\ h_j(x)=0, & j=1,2,\cdots,J \\ f(x)-\eta\leqslant 0 \end{cases} \tag{7.2}$$

式（7.1）和式（7.2）对应的鲁棒优化问题如下：

$$\min f(x)$$
$$\text{s.t.}\begin{cases} g_i(x,\delta)\leqslant 0, & i=1,2,\cdots,I \\ h_j(x)=0, & j=1,2,\cdots,J \\ \forall\delta\in u \end{cases} \tag{7.3}$$

$$\min \eta$$
$$\text{s.t.}\begin{cases} g_i(x,\delta)\leqslant 0, & i=1,2,\cdots,I \\ h_j(x)=0, & j=1,2,\cdots,J \\ f(x)-\eta\leqslant 0 \\ \forall\delta\in u \end{cases} \tag{7.4}$$

式（7.3）和式（7.4）的最优解就是式（7.1）和式（7.2）的鲁棒最优解。

式（7.3）和式（7.4）是个半无限优化问题，不容易求解。所以鲁棒优化问题的核心思想是将上述问题转换成容易求解的凸优化问题。目前有两种主流的方法来解决这个核心问题，一种是在椭圆不确定集下，从最坏的场景出发，得到最保守的结果，但增加了算法的复杂度；另一种是在不同范数下定义不确定性集合，在不增加算法复杂度的前提下，给出了不确定性参数的概率分布，然后将原问题转换成确定性的凸优化问题。

## 7.3 功率控制算法

### 7.3.1 系统模型

OFDM 技术是一种多载波通信技术[6]，具有较强的抗符号间干扰能力，因为它把频率选择性衰落信道转换成一系列平行平坦衰落信道，即使在多径衰落信道仍然可以高效地传送数据。基于 OFDM 技术的上述优点，本章系统采用 OFDM 框架作为认知系统的研究平台，用以保证次用户的 QoS。

假定在我们感兴趣的认知网络中，有 $K$ 个 OFDM 子载波和 $N$ 个次用户。认知用户 $i$ 在子载波 $k$ 上的传输速率为

$$d_k^i = \log_2\left(1+\frac{p_k^i}{I_k^i}\right),\quad \forall i\in\{1,2,\cdots,N\}, \forall k\in\{1,2,\cdots,K\} \tag{7.5}$$

式中，$p_k^i$ 是用户 $i$ 在子载波 $k$ 上的发射功率；$I_k^i$ 是来自其他次用户对用户 $i$ 在子载波 $k$ 上的干扰功率及噪声。$I_k^i$ 的定义如下：

$$I_k^i = \sigma_k^i + \sum_{j=1,i\neq j}^{N} \alpha_k^{ij} p_k^j \tag{7.6}$$

式中，$\sigma_k^i$ 是次用户 $i$ 在子载波 $k$ 上的背景噪声；$\alpha_k^{ij}$ 是次用户 $j$ 的发射机与次用户 $i$ 的接收机在子载波 $k$ 上的信道干扰增益。

实际上，在认知无线电网络中考虑到不完美信道，噪声与干扰（noise interference，NI）即式（7.6）是不可靠的。因此，引入次用户 $i$ 在子载波 $k$ 上的

量化噪声与干扰的误差，即 $\Delta I_k^i$。它所对应的次用户 $i$ 在子载波 $k$ 上的 NI 定义为

$$\overline{I}_k^i = I_k^i + \Delta I_k^i = I_k^i(1+\theta_k^i) \tag{7.7}$$

式中，$\theta_k^i = \Delta I_k^i / I_k^i$ 描述了次用户 $i$ 在子载波 $k$ 上相对的量化 NI 的误差。

在下垫式的工作模式下，次用户与主用户共享同一段频谱且同时保护主用户的服务质量，那么次用户给主用户带来的总干扰功率一定要低于主用户所能承受的干扰阈值，即满足：

$$p_k^i + \overline{I}_k^i \leqslant T_k^{\max} \tag{7.8}$$

式中，$T_k^{\max}$ 是主用户在第 $k$ 个子载波上所能承受的最大干扰功率。

在这种情况下，次用户发射机并不知道实际 NI 和相对量化 NI 的误差。因此，为了避免不确定性影响认知无线电系统且可以保证次用户的性能，把相对量化 NI 误差 $\theta_k^i$ 作为一个随机变量，通过功率分配可获得每个次用户在每个子载波的最大传输速率的概率：

$$p_r\left(\overline{d}_k^i \leqslant \log_2\left(1+\frac{p_k^i}{\overline{I}_k^i/(1+\theta_k^i)}\right)\right) \geqslant \psi \tag{7.9}$$

式中，$p_r(\cdot)$ 代表概率因子；$\overline{d}_k^i$ 是一个辅助变量，表示用户 $i$ 在第 $k$ 个子载波上可以获得实际的传输速率；$\psi(\psi \in [0,1])$ 表示经功率 $p_k^i$ 分配获得次用户实际传输速率 $\overline{d}_k^i$ 小于等于理想传输速率的概率。

为了保护次用户的通信质量，仍然和前面一样，次用户的发射功率不能超过该装置所允许的额定功率。即满足下面的约束条件：

$$\sum_{k=1}^{K} p_k^i \leqslant p_{\max}^i \tag{7.10}$$

我们的目标是最大化每个次用户的传输速率同时满足式（7.8）、式（7.9）和式（7.10）。为了实现这个目标，在完美信道状态下形成了如下功率控制问题：

$$\max D^i$$
$$\text{s.t.}\begin{cases} p_k^i + \overline{I}_k^i \leqslant T_k^{\max} \\ \sum_{k=1}^{K} p_k^i \leqslant p_{\max}^i \\ p_r\left(\overline{d}_k^i \leqslant \log_2\left(1+\frac{p_k^i}{\overline{I}_k^i/(1+\theta_k^i)}\right)\right) \geqslant \psi \end{cases} \tag{7.11}$$

式中，$D^i = \sum_{k=1}^{K} \overline{d}_k^i$ 是次用户 $i$ 的传输速率。

### 7.3.2　优化数学模型

本节通过化简式（7.9），可以获得

$$p_r\left(2^{\overline{d}_k^i} - 1 \leqslant \frac{p_k^i}{\overline{I}_k^i/(1+\theta_k^i)}\right) \geqslant \psi \tag{7.12}$$

通过引入一个随机变量 $\gamma_k^i = 2^{\overline{d}_k^i} - 1$，我们可以把式（7.11）改写成如下形式：

$$\max D^i = \sum_{k=1}^{K} \log_2(1+\gamma_k^i)$$
$$\text{s.t.}\begin{cases} p_k^i + \overline{I}_k^i \leqslant T_k^{\max} \\ \sum_{k=1}^{K} p_k^i \leqslant p_{\max}^i \\ p_r\left(\gamma_k^i \leqslant \frac{p_k^i}{\overline{I}_k^i/(1+\theta_k^i)}\right) \geqslant \psi \end{cases} \tag{7.13}$$

根据式（7.12），可以化简数学模型式（7.13）为

$$\max D^i = \sum_{k=1}^{K} \log_2(1+\gamma_k^i)$$
$$\text{s.t.}\begin{cases} p_k^i + \overline{I}_k^i \leqslant T_k^{\max} \\ \sum_{k=1}^{K} p_k^i \leqslant p_{\max}^i \\ p_r\left(\theta_k^i \geqslant \dfrac{\overline{I}_k^i \gamma_k^i}{p_k^i} - 1\right) \geqslant \psi \end{cases} \tag{7.14}$$

在基于 OFDM 的认知网络中，我们主要考虑来自量化的反馈误差。如果接收机需要反馈的量化 NI 是有限位数，假设相对 NI 误差 $\theta_k^i$ 在 $[-\zeta_k^i, \zeta_k^i]$ 区间上满足均匀分布，那么发射机了解量化 NI 比特也是有限的，它决定最大的误差 $\zeta_k^i$。为了描述方便，令 $\zeta_k^i = \zeta \in [0,1]$ 对于所有的 $i \in N, k \in K$ 成立。因此数学模型式（7.14）的第三个约束条件可以改写成如下形式：

$$p_r\left(\theta_k^i \geqslant \frac{\overline{I}_k^i \gamma_k^i}{p_k^i} - 1\right) = \int_{\overline{I}_k^i \gamma_k^i / p_k^i - 1}^{\zeta} \frac{1}{2\zeta} \mathrm{d}\zeta = \frac{1}{2\zeta}\left(1 + \zeta - \frac{\overline{I}_k^i \gamma_k^i}{p_k^i}\right) \geqslant \psi \tag{7.15}$$

从式（7.15）可得

$$\gamma_k^i \leqslant \frac{p_k^i}{\overline{I}_k^i}(1+\zeta-2\zeta\psi) \tag{7.16}$$

那么，数学模型式（7.14）被改写成如下形式：

$$\max D^i = \sum_{k=1}^{K} \log_2(1+\gamma_k^i)$$
$$\text{s.t.}\begin{cases} p_k^i + \overline{I}_k^i \leqslant T_k^{\max} \\ \sum_{k=1}^{K} p_k^i \leqslant p_{\max}^i \\ \gamma_k^i \leqslant \dfrac{p_k^i}{\overline{I}_k^i}(1+\zeta-2\zeta\psi) \end{cases} \tag{7.17}$$

因为约束 $\gamma_k^i$ 在子载波上是可以分解的，我们可以消除 $\gamma_k^i$，因此功率优化问题变为如下形式：

$$\max D^i = \sum_{k=1}^{K} \log_2\left(1+\chi\frac{p_k^i}{\overline{I}_k^i}\right)$$
$$\text{s.t.}\begin{cases} p_k^i + \overline{I}_k^i \leqslant T_k^{\max} \\ \sum_{k=1}^{K} p_k^i \leqslant p_{\max}^i \end{cases} \tag{7.18}$$

式中，$\chi = 1+\zeta-2\zeta\psi$ 而且 $\psi > 0.5$，$\chi < 1$。

上述模型是一个凹最大化问题。根据凸优化理论，可以把式（7.18）转换为凸最小化问题，有

$$\min -D^i = -\sum_{k=1}^{K} \log_2\left(1+\chi\frac{p_k^i}{\overline{I}_k^i}\right)$$
$$\text{s.t.}\begin{cases} p_k^i + \overline{I}_k^i - T_k^{\max} \leqslant 0 \\ \sum_{k=1}^{K} p_k^i - p_{\max}^i \leqslant 0 \end{cases} \tag{7.19}$$

式（7.19）就是本章的认知无线电系统功率分配数学模型。

### 7.3.3　功率分配

本节采用拉格朗日对偶算法解决鲁棒功率分配问题。式（7.19）的拉格朗日函数为

$$\begin{aligned} L^i(\{p_k^i\},\lambda^i,\{\mu_k^i\}) &= -\sum_{k=1}^{K} \log_2\left(1+\chi\frac{p_k^i}{\overline{I}_k^i}\right) + \lambda^i\left(\sum_{k=1}^{N} p_k^i - p_{\max}^i\right) + \sum_{k=1}^{K} \mu_k^i (p_k^i + \overline{I}_k^i - T_k^{\max}) \\ &= \sum_{k=1}^{K}\left[-\log_2\left(1+\chi\frac{p_k^i}{\overline{I}_k^i}\right) + \lambda^i p_k^i + \mu_k^i(p_k^i + \overline{I}_k^i)\right] - \lambda^i p_{\max}^i - \sum_{k=1}^{K} \mu_k^i T_k^{\max} \end{aligned} \tag{7.20}$$

式中，$\lambda^i \geqslant 0$ 和 $\mu_k^i \geqslant 0$ 是拉格朗日乘子。

鲁棒功率分配问题即式（7.19）的对偶问题为

$$
\begin{aligned}
&\max \phi(\lambda^i,\{\mu_k^i\}) \\
&\text{s.t.}\ \lambda^i \geqslant 0,\ \mu_k^i \geqslant 0,\ \forall k
\end{aligned} \tag{7.21}
$$

因此，根据拉格朗日松弛方法 $\phi(\lambda^i,\{\mu_k^i\})$ 能够分成 $K$ 个不同子载波的子问题，我们采用次梯度算法解决对偶问题，那么有

$$
\phi(\lambda^i,\{\mu_k^i\}) = \sum_{k=1}^{N} \min L_k^i(\{p_k^i\},\lambda^i,\{\mu_k^i\}) - \lambda^i p_{\max}^i - \sum_{k=1}^{N} \mu_k^i T_k^{\max} \tag{7.22}
$$

式中

$$
L_k^i(\{p_k^i\},\lambda^i,\{\mu_k^i\}) = -\log_2\left(1+\chi\frac{p_k^i}{\overline{I}_k^i}\right) + \lambda^i p_k^i + \mu_k^i(p_k^i + \overline{I}_k^i) \tag{7.23}
$$

根据 KKT 条件，每个次用户在任意一个子载波的最优发射功率可以通过求解方程 $\dfrac{\partial L_k^i(\{p_k^i\},\lambda^i,\{\mu_k^i\})}{\partial p_k^i}=0$ 获得，该解为

$$
p_k^{i,\text{opt}} = \frac{1}{(\lambda^i+\mu_k^i)\ln 2} - \frac{1}{\chi}\overline{I}_k^i \tag{7.24}
$$

通过次梯度迭代算法，更新拉格朗日乘子 $\lambda^i$ 和 $\mu_k^i$ 如下：

$$
\lambda^i(t+1) = \max\left[0,\lambda^i(t)+\alpha(t)\left(\sum_{k=1}^{N} p_k^i - p_{\max}^i\right)\right] \tag{7.25}
$$

$$
\mu_k^i(t+1) = \max[0,\mu_k^i(t)+\beta(t)(p_k^i+\overline{I}_k^i - T_k^{\max})] \tag{7.26}
$$

式中，$t$ 是迭代次数；$\alpha(t)$、$\beta(t)$ 是非负数的步长。

通过式（7.24）可以看出，当反馈 NI 干扰误差不存在的时候，每个次用户的最优发射功率取决于拉格朗日乘子 $\lambda^i$ 和 $\mu_k^i$。当反馈 NI 干扰误差存在的时候，每个次用户的最优发射功率就不再取决于拉格朗日乘子，而取决于误差和概率。这种情况更接近通信的实际情况。

鲁棒功率控制算法的详细步骤如下。

（1）初始化：令 $t=0$，$\bar{I}_k^i(0)>0$，$\beta_2>0$，$0\leqslant p_k^i(0)\leqslant p_{\max}^i$，$T_k^{\max}>0$，$\lambda^i>0$，$\mu_k^i(0)>0$，$\chi>0$，$\psi\in[0,1]$，$\alpha_k^{ij}>0$，$\forall i$，$\forall k$。

（2）测量：次用户不同接收机与发射机之间在子载波 $k$ 上的干扰增益，并测量背景噪声。

（3）乘子更新：利用式（7.26）和式（7.27）更新 $\lambda^i(t+1)$ 和 $\mu_k^i(t+1)$。

（4）计算功率：

$$p_k^i(t+1)=\frac{1}{[\lambda^i(t+1)+\mu_k^i(t+1)]\ln 2}-\frac{1}{\chi}\left(\sigma_k^i+\sum_{j=1,i\neq j}^{N}\alpha_k^{ij}p_k^j\right)[1+\theta_k^i(t+1)]$$

（5）迭代条件：当功率满足 $\left\|p_k^i(t+1)-p_k^i(t)\right\|\leqslant\vartheta$（$\vartheta$ 是误差容错因子）这个条件时，停止迭代；否则，继续跳到步骤（2）。

## 7.4　仿真实验与结果分析

本节通过计算机数字仿真实验结果来验证本章所提出的概率鲁棒功率控制（probabilistically robust power control，PRPC）算法的有效性，同时比较基于干扰增益最坏情况的鲁棒功率控制算法和在完美情况下忽略 NI 的反馈误差的非鲁棒功率控制算法的性能。

在基于 OFDM 框架的认知无线电网络中，假定有 3 个活跃的次用户和 3 个子载波（$N=3$，$K=3$）。为了保证次用户的服务质量，我们假定次用户 $i$ 允许的最大发射功率为 $1\text{mW}$。背景噪声和干扰增益可以分别从区间 $(0,0.1/N-1)$，$(0,1/N-1)$ 随机选取。对于所提出的 PRPC 算法，为了描述方便，假设所有次用户的量化 NI 的相对误差在区间 $[-1,1]$ 上服从均匀分布。下面比较 PRPC 算法、鲁棒功率控制（robust power control，RPC）算法和非鲁棒算法的性能。

首先，图 7.1 和图 7.2 给出了当反馈信道存在量化 NI 不确定性的情况下，本章所提出的算法在每个次用户的传输速率和三个次用户总的传输速率表现出的鲁棒性。为了显示在反馈信道 NI 不确定性的影响，假设概率 $\psi=0.995$，这表示量化 NI 的相对误差很大 $\zeta$ 为服从均匀分布的量化 NI 相对误差。

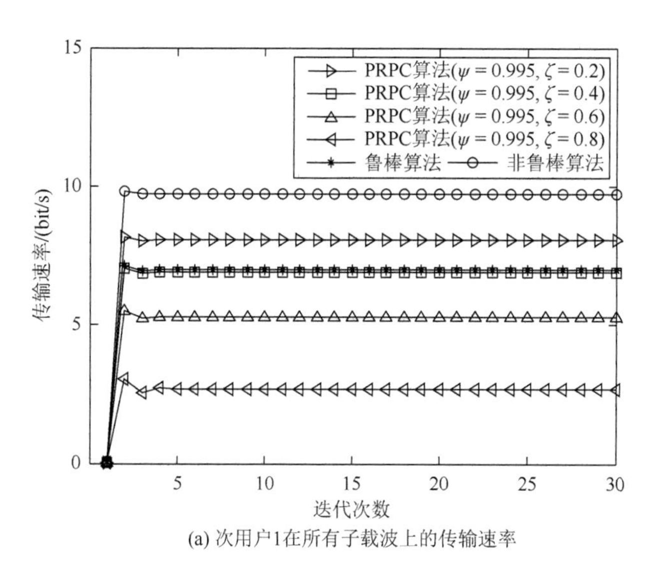


(a) 次用户1在所有子载波上的传输速率

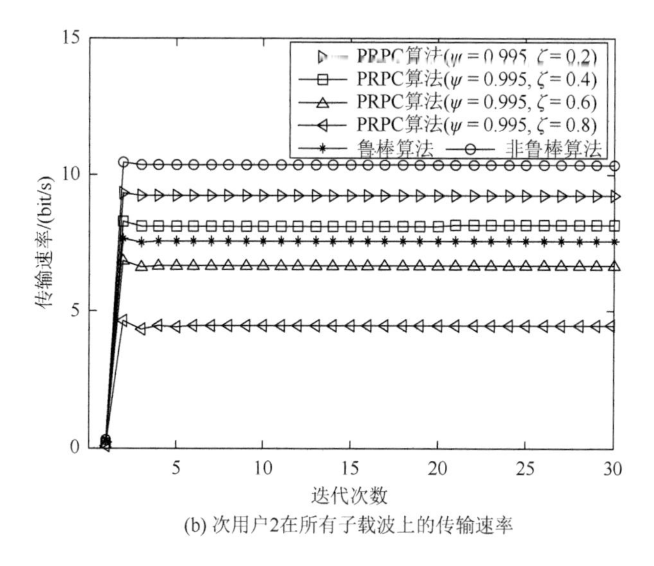


(b) 次用户2在所有子载波上的传输速率

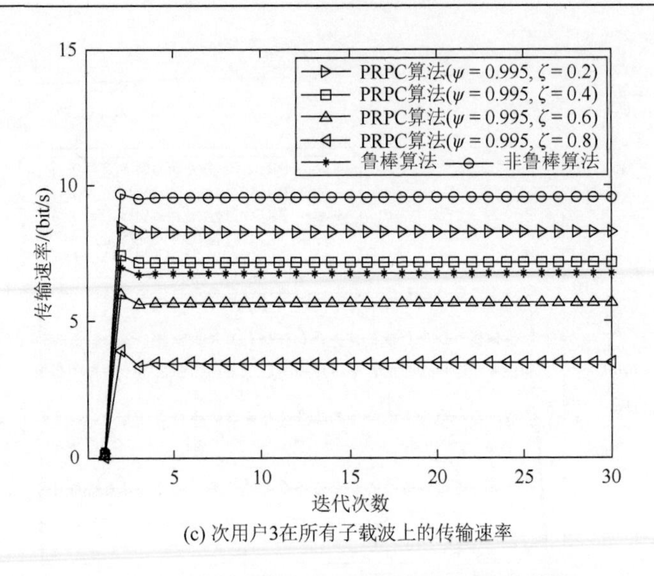


(c) 次用户3在所有子载波上的传输速率

图 7.1　三种不同算法的各个次用户传输速率情况

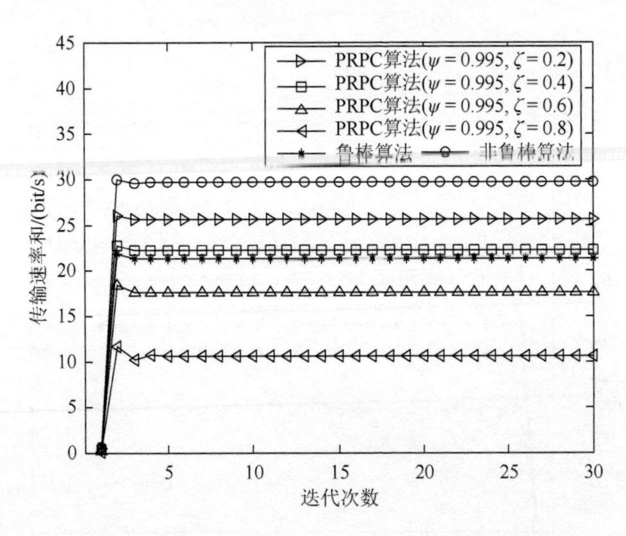


图 7.2　三种不同算法的三个次用户传输速率和情况

如图 7.1 所示，本节比较了在三种不同算法中每个次用户在每个子载波的传输速率。由于在非鲁棒算法中，忽略反馈信道量化 NI 的误差，所以由这种算法得到的各个次用户的传输速率比其他两种算法要高。同时可以看到，对于 PRPC 算法，随着量化 NI 相对误差服从均匀分布间隔 $\zeta$ 增大，传输速率在不断地单调减少。当 $\zeta$ 在[0,0.4]中随机选取时，虽然我们考虑的是背景噪声和干扰增益的不确定性，但是由 PRPC 算法获得的每个次用户的传输速率比基于干扰增益最坏情况的鲁棒算法得到的传输速率高。当 $\zeta$ 在 [0.6,1] 中随机选取时，由 PRPC 算法获得的每个次用户的传输速率低于基于干扰增益最坏情况的鲁棒算法得到的传输速率，因为此时背景噪声和干扰增益的不确定性已经远远大于干扰增益最坏情况下的值。

从图 7.2 可以明显地观察到三个次用户的总的速率与量化 NI 相对误差服从 $\zeta$ 之间的关系和每个次用户的传输速率与 $\zeta$ 之间的关系是一样的。

图 7.3 给出了三种不同算法在概率 $\psi \in [0.5,1]$ 时，每个子载波上的每个次用户最优传输速率的情况。我们知道，随着概率 $\psi$ 的增加，量化 NI 相对误差可能性会增大。对于所提出的 PRPC 算法，给定均匀分布间隔 $\zeta$，当概率 $\psi$ 不断增大时，每个次用户的传输速率不断减小；对于概率 $\psi$ 一定时，如果 $\zeta$ 以 0.2，0.4，0.6，0.8 不断增大，那么每个次用户的传输速率也会不断减少。因此概率 $\psi$ 和 $\zeta$ 是影响次用户获得最优传输速率的两个主要因素。

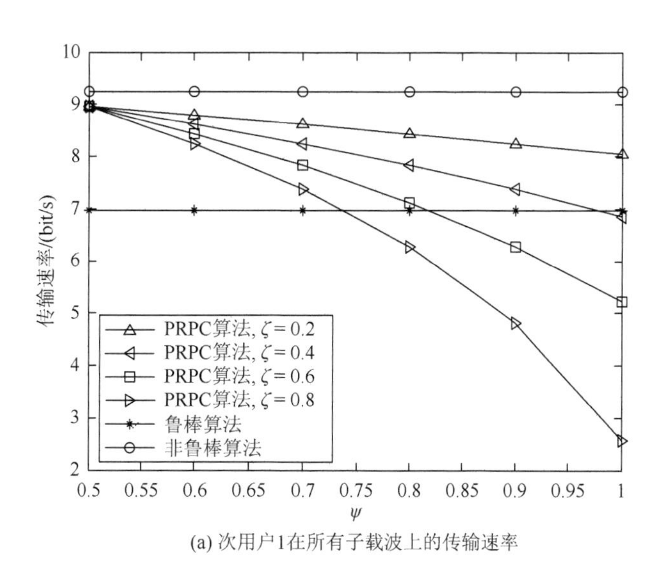

(a) 次用户1在所有子载波上的传输速率

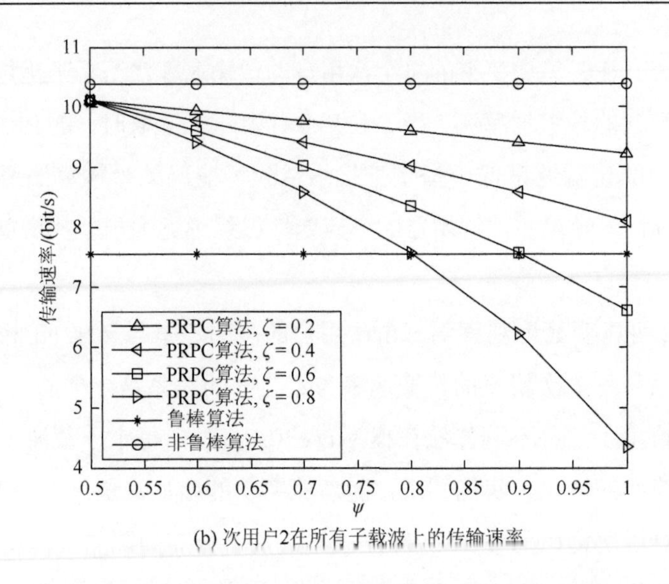


(b) 次用户2在所有子载波上的传输速率

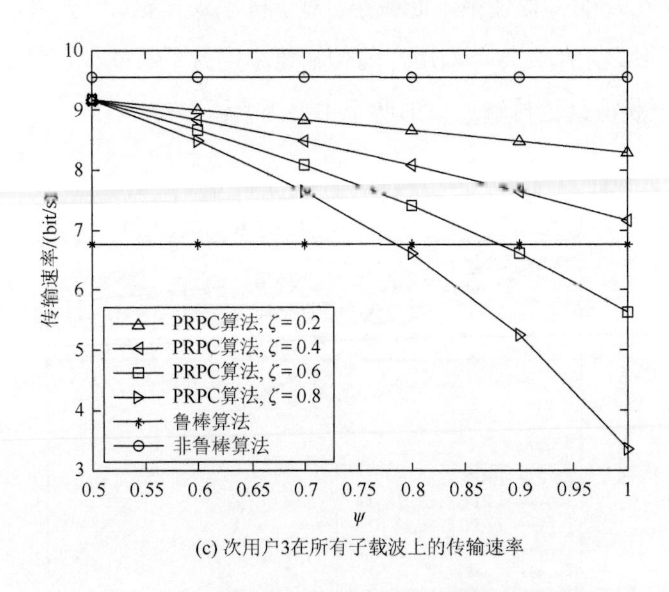


(c) 次用户3在所有子载波上的传输速率

图 7.3　三种不同算法的各个次用户传输速率概率情况

从图 7.4 可见，在所提出的 PRPC 算法中，当概率在[0.5,0.77]选取且$\zeta<0.6$时，三个次用户的传输速率和要高于基于干扰增益最坏情况的鲁棒算法的传输速率和，这是因为背景噪声和干扰增益的不确定性小于干扰增益最坏情况下的值。

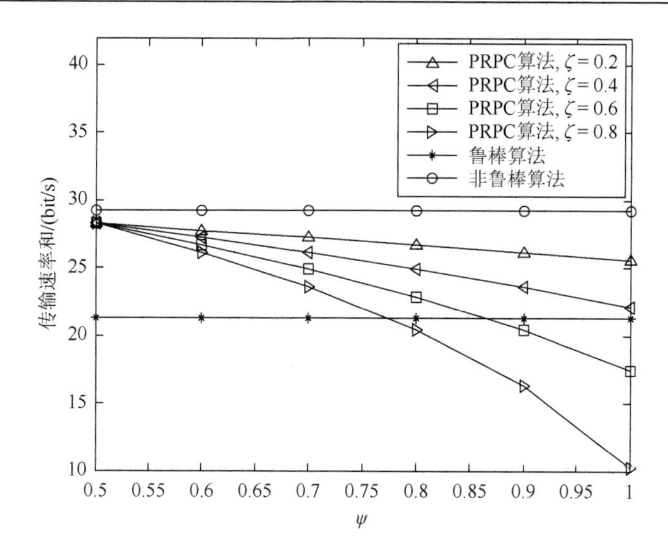


图 7.4　三种不同算法的三个次用户总传输速率和概率情况

从图 7.5 中，我们可以了解三个次用户传输速率和与不断增长的干扰功率阈值 $T_k^{\max}$ 之间的关系。根据约束条件 $p_k^i + \overline{I}_k^i \leqslant T_k^{\max}$，对于一定的干扰 $T_k^{\max}$，当 $\zeta$ 不断增大的时候，干扰功率约束得以保证是以每个次用户的传输功率不断减少为代价的。因此，鲁棒性和传输功率之间是互为负担的。进一步，随着 $\zeta$ 增加，最大传输功率范围也会缩小。对于所有次用户来说，当干扰约束满足 $T_k^{\max} << p_{\max}^i / K$ 时，约束 $\sum_{k=1}^{K} p_k^i \leqslant p_{\max}^i$ 变得不再活跃，因此优化功率的上限取决于干扰阈值 $T_k^{\max}$。换句话说，对于相同的 NI 不确定性，$T_k^{\max}$ 越高，所有次用户的传输速率就越高，同时主用户将忍受更大的干扰功率，因为更大的干扰阈值将允许更大的传输功率来提高所有次用户的传输速率和。

为了描述约束 $\sum_{k=1}^{K} p_k^i \leqslant p_{\max}^i$ 对次用户的速率和的有效性，我们假设干扰阈值远远大于每个次用户在每个子载波上的平均最大传输功率，即 $T_k^{\max} >> p_{\max}^i / K$，那么约束条件 $p_k^i + \overline{I}_k^i \leqslant T_k^{\max}$ 变得不再活跃。因此根据不等式 $\sum_{k=1}^{K} p_k^i \leqslant p_{\max}^i$，对于一定 $\zeta$，随着每个次用户 $i$ 的最大发射功率增加，次用户的速率和也在不断地增加，正如图 7.6 所示。

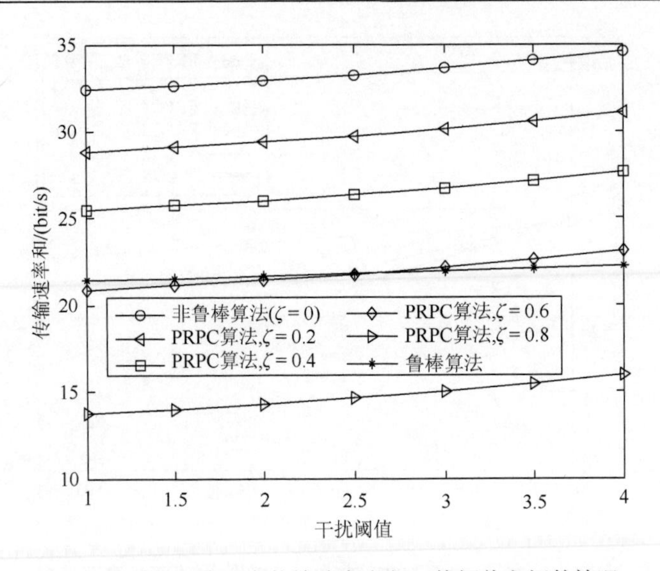


图 7.5　不同 $\zeta$ 次用户传输速率和与干扰阈值之间的情况

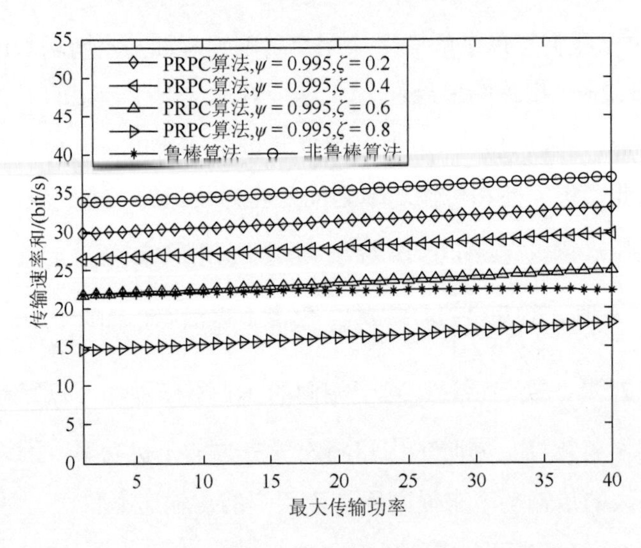


图 7.6　三个次用户的传输速率和与每个次用户的最大传输功率之间的关系

图 7.7 给出了多个次用户占用多个子载波情况下的系统性能。正如我们所期望的，所有次用户的吞吐量随着 $\zeta$ 的减少而增大。因为每个次用户的传输功率都不能超过它的额定功率范围，而且接收到的信噪比也随着次用户的数量或 $\zeta$ 增加而减少，当子载波数量一定时，次用户的接收机将接收到更大的干扰。当次用户数量一定时，随着子载波数量或 $\zeta$ 增加，系统的吞吐量逐渐减少。

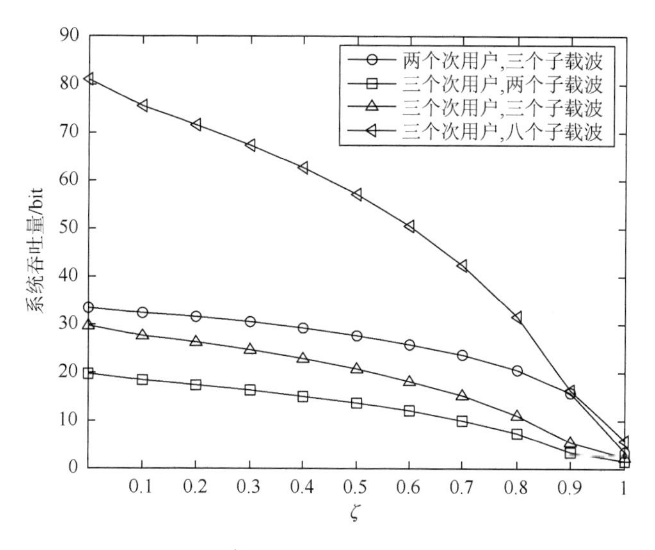


图 7.7　系统吞吐量与次用户、子载波数量及 $\zeta$ 之间的关系

## 7.5　小　　结

在本章中，我们考虑到认知无线电网络中次用户很难获得准确的无线信道信息的问题，这很有可能导致通信信号的中断。因此，把研究的重点集中在系统功率分配的鲁棒性问题上。通过采用次用户的传输速率作为主要性能的度量，将原优化问题转化为一个凸优化问题；通过对偶分解的方法获得了在 NI 存在的情况下的新的鲁棒功率控制算法，并引入了概率约束和其他两个约束。仿真实验结果验证了所提出的鲁棒功率控制算法可以提高每个次用户的传输速率，同时满足主用户和次用户的服务质量。除此之外，该算法的性能要优于基于干扰增益最坏情况的鲁棒功率控制算法和忽略干扰误差的完美信道下的非鲁棒功率控制算法。

## 参 考 文 献

[1]　Yang C G，Li J D，Tian Z. Optimal power control for cognitive radio networks under coupled interference constraints：A cooperative game-theoretic perspective[J]. IEEE Transactions on Vehicular Technology，2010，59（4）：1696-1706.

[2]　Jalaeian B，Zhu R，Samani H，et al. An optimal cross-layer framework for cognitive radio network under interference temperature model[J]. IEEE Systems Journal，2014（99）：1-9.

[3] Kang X，Zhang R，Liang Y C，et al. Optimal power allocation strategies for fading cognitive radio channels with primary user outage constraint[J]. IEEE Journal on Selected Areas in Communications，2011，29（2）：374-383.

[4] Soyster A L. Convex Programming with set-inclusive constraints and applications to inexact linear programming[J]. Operational Resarch，1973（21）：1154-1157.

[5] Bertsimas D，Sim M. Robust discrete optimization and network flows[J]. Mathematical Programming，2003，98（1-3）：49-71.

[6] Engels M. Wireless OFDM Systems：How to Make Them Work[M]. New York：Kluwer Academic Publishers，2002.